国家林业和草原局普通高等教育"十四五"规划教材
高等院校园林与风景园林专业系列教材

U0162095

城市 Urban Landscape Planning and Design
景观规划设计

（第2版）（附数字资源）

钱云　李倞　等◎编著

中国林业出版社
China Forestry Publishing House

内 容 简 介

本教材内容共分为7章。第1章从总体层面介绍城市景观规划设计的内涵、意义和技能要求；第2章精要地介绍城市景观规划设计的发展历史；第3、第4章主要介绍在当代城市发展背景下，从宏观和中微观尺度开展城市景观规划设计实践的方法；第5章着重介绍用于支撑实践工作的重要调查、分析方法；第6章对国内外经典案例进行剖析；第7章以北京林业大学为例，介绍教学实践中的安排构想和学生作业解析，供实际教学参考使用。

本教材可用作风景园林、园林、城乡规划、环境设计等专业的相关课程教材，也可供有关工作者参考阅读。

图书在版编目（CIP）数据

城市景观规划设计 / 钱云 李倞 等 编著.—2版.—北京：中国林业出版社，2023.12
国家林业和草原局普通高等教育"十四五"规划教材 高等院校园林与风景园林专业系列教材
ISBN 978-7-5219-2512-8

Ⅰ．①城… Ⅱ．①钱… Ⅲ．①城市景观－城市规划－高等学校－教材 Ⅳ．①TU-856

中国版本图书馆CIP数据核字（2024）第003946号

责任编辑：康红梅
策划编辑：康红梅
责任校对：苏 梅
封面设计：北京点击世代文化传媒有限公司

出版发行 中国林业出版社（100009，北京市西城区刘海胡同7号，电话010-83143551）
电子邮箱 cfphzbs@163.com
网 址 www.forestry.gov.cn/lycb.html
印 刷 北京中科印刷有限公司
版 次 2019年12月第1版（共印2次）
　　　 2023年12月第2版
印 次 2023年12月第1次印刷
开 本 889mm×1194mm 1/16
印 张 13.75 其中彩插 2印张
字 数 386千字 另附数字资源约280千字
定 价 65.00元

数字资源

国家林业和草原局院校教材建设专家委员会
园林与风景园林组

组长

李雄(北京林业大学)

委　员

(以姓氏拼音为序)

包满珠(华中农业大学)　　　　潘远智(四川农业大学)

车代弟(东北农业大学)　　　　戚继忠(北华大学)

陈龙清(西南林业大学)　　　　宋希强(海南大学)

陈永生(安徽农业大学)　　　　田　青(甘肃农业大学)

董建文(福建农林大学)　　　　田如男(南京林业大学)

甘德欣(湖南农业大学)　　　　王洪俊(北华大学)

高　翅(华中农业大学)　　　　许大为(东北林业大学)

黄海泉(西南林业大学)　　　　许先升(海南大学)

金荷仙(浙江农林大学)　　　　张常青(中国农业大学)

兰思仁(福建农林大学)　　　　张克中(北京农学院)

李　翅(北京林业大学)　　　　张启翔(北京林业大学)

刘纯青(江西农业大学)　　　　张青萍(南京林业大学)

刘庆华(青岛农业大学)　　　　赵昌恒(黄山学院)

刘　燕(北京林业大学)　　　　赵宏波(浙江农林大学)

秘书

郑　曦(北京林业大学)

《城市景观规划设计》（第2版）
编 著 人 员

编著人员　钱　云（北京林业大学）

李　倞（北京林业大学）

吴丹子（北京林业大学）

李梦一欣（北京建筑大学）

邓翔宇（北京清华同衡规划设计研究院）

盛　况（北京清华同衡规划设计研究院）

杨　震（重庆大学）

张俐烨（福建江夏学院）

刘　巍（北京清华同衡规划设计研究院）

黄文柳（杭州市规划设计研究院）

韩昊英（澳门城市大学）

汪坚强（北京工业大学）

郑善文（北京工业大学）

易　鑫（东南大学）

主　　审　边兰春（清华大学）

李存东（中国建筑学会）

《城市景观规划设计》（第1版）
编 著 人 员

主　　编：钱　云

副 主 编：李　倞　吴丹子　李梦一欣

编写人员：（按姓氏拼音排序）

邓翔宇（北京清华同衡规划设计研究院）

韩昊英（浙江大学）

黄文柳（杭州市城市规划设计研究院）

李　倞（北京林业大学）

李梦一欣（北京建筑大学）

刘　巍（北京清华同衡规划设计研究院）

钱　云（北京林业大学）

盛　况（中国建筑设计研究院）

汪坚强（北京工业大学）

吴丹子（北京林业大学）

杨　震（重庆大学）

易　鑫（东南大学）

张俐烨（福建江夏学院）

郑善文（北京工业大学）

序一

　　《城市景观规划设计》（第2版）是一本新修订的教材，它不仅展现了时代和学科发展的新动向，还体现了相关专业实践的最新动态和发展趋势。

　　塑造美好人居环境是城乡规划建设的理想追求，走向生态文明是人类社会发展的崭新形态和必然选择。要建设人与自然和谐共生的中国式现代化，统筹生态保护、绿色发展、民生改善，在尊重自然、顺应自然、保护自然中增强人民群众的获得感、幸福感、安全感，将经济社会发展与生态环境有机统一起来，促进经济社会发展全面绿色转型，才能更好实现高质量经济发展、高品质人民生活和高水平环境保护的统一。

　　从国际的视角来看，绿地、园林、风景，一直是人类聚落景观塑造的重要构成要素，景观规划设计的理念在不断发展。中国的传统文化中，自然山水、风景园林更是自古至今深深影响着东方人居环境的演进。这本教材试图跨越时间和空间的界限，融东西文化在景观营造上各自所长和相互借鉴影响，呈现出对城市景观规划理念与方法的理解和呈现，是难能可贵的。在大力推动生态文明建设和遵循高质量发展理念的今天，可持续发展理念下的城乡环境中生态绿地景观空间的营造承担了极为重要的角色，具有独特的意义。尤其是在城市建设"存量更新"的要求下，我们的工作越来越多地涉及盘活城市边缘绿带、高密度建成区的夹缝空间，利用产业和基础设施转换用地，推动社区小微绿地以及既有绿地提升等，用以营造生态效益良好、景致优美、设施齐备、能承载更丰富社会经济文化活动的开放空间，以适应新时代人民的需求。在专业教育中，这方面意识和技能的培养，是亟需强化提升的重要内容。

　　纵观本教材，总体上体现了如下特点：

　　一是以"大人居学科"视角为特色，注重多专业方法融合。城市景观规划设计本身是涉及面很广的综合性工作，本教材的内容至少涉及城乡规划、风景园林、建筑设计、环境艺术等多学科领域，在编写中始终注重把握物质空间、生态环境、经济发展及人们的文化生活需求的统一，相信可以对各专业领域读者的知识和理念都能产生有益的拓展。

　　二是以"全过程能力"培养为目标，注重多尺度内容提炼。力图以最精炼的篇幅对概念内涵、专业发展历程、形式法则和空间构成等理论性内容开展探讨，概要介绍不同尺度下较为成熟的景观规划设计程序和研究方法，并辅以经典案例对上述内容的应用场景进行解释说明。这样的内容安排，有利于教学培养周期的安排，体现了综合素质提升优先的理念，也为课堂辅导、延伸阅读提供了充足的空间。

　　三是把握规划设计学习的特点，重视实践应用的展示。本教材的编写团队汇集了这一领域优秀的教学、科

研和实践的骨干和学者，教材的编写也注重教学、科研和实践的紧密结合，理论梳理与案例分析，注重对新理念和新方法介绍和归纳，使得读者能够更好地了解城市景观规划设计的行业前沿。

  总之，《城市景观规划设计》（第2版）展示了城乡人居环境学科教育教学的新探索，有望为多专业读者的学习和实践提供良好的帮助，为我们的学科和行业发展提供更多的思路。

清华大学建筑学院教授
国务院学位委员会第八届学科评议组成员（城乡规划学科）
2023年12月于清华园

序二

　　在新时代中国城乡建设中，我们面临诸多新的机遇与挑战，既有传统与现代的交叠，又有国际与国内的互鉴。在生态文明建设理念的引领下，城市绿色空间环境的高质量发展已成为前沿实践领域的重要课题。在这样的背景下，《城市景观规划设计》（第2版）教材的编写与出版显得尤为重要。

　　总体上看，这本教材顺应了时代需求，承载了新发展理念，具有以下几个显著特点：

　　首先，在教育理念上坚持"价值引领"。教材从人居环境学科的使命出发，明确新时代专业人员所需的全面素质，提炼中西方发展历史中的传统智慧价值。在案例选择上，聚焦于北京"三山五园"、杭州西湖等中华文化地标的可持续发展，充分强调专业能力与社会责任并重的教育观念。

　　其次，在培养目标上强化"需求导向"。教材内容既涵盖基础知识和核心理论的传授，又系统讲解分析研究技能，还提供实践训练步骤与范例。其内容精炼，有利于学生在有限课时内实现全面、系统的学习，同时为实际教学留出空间，让师生可根据社会需求选择前沿领域进行拓展研讨。

　　最后，在适用范围上充满"专业特色"。教材编写团队汇聚了众多来自规划设计顶级机构的资深规划设计师。他们提供了大量高水平实践案例，为理论学习和实践训练提供真实场景，避免闭门造车、脱离实践的风险，同时也扩展了适用范围，让更多年轻从业者能够从中获益。

　　值得一提的是，这本教材第1版已在数十所高校的教学实践中得到广泛应用，并通过多年师生互动反馈不断优化。这种从实践中来、到实践中去的编写方式确保了教材的实用性。

　　作为业内人士，我深知一本优秀教材对于学生、教师及从业者的重要性。因此，我对《城市景观规划设计》（第2版）的出版充满期待。相信这本教材将为更多学生、教师提供有力支持，并为我国城市景观规划设计领域的发展做出积极贡献。

中国建筑学会秘书长、园林景观分会理事长，全国工程勘察设计大师

2023年12月

第 2 版前言

　　《城市景观规划设计》（第1版）出版以来，在众多院校风景园林、园林、城乡规划、环境设计等专业的教学实践中得到了广泛的应用。借助推介，编著团队成员多次参与中国城乡规划教育大会、中国风景园林教育大会的研讨，并与美国、日本、韩国及国内诸多使用本教材的院校教师进行了深入的交流，收集到了大量有价值的意见。

　　当前，我国正面临新时代国土空间治理和人居环境建设的全新任务，强化人居生态环境领域各专业的融合成为未来工作的必然需求，也对相关领域人才培养提出了新的要求。在此背景下，自然资源部"国土景观创新团队"的创立和中国风景园林学会国土景观专业委员会的成立，为我们的修订工作提供了新的宏观学术视野。编著团队成员多次参与《全国国土空间规划纲要》等一系列重要的理论探讨和规划设计实践，对新时代的形势和要求有了更深入的理解。

　　第2版的编著工作正是在这样的基础上展开的。我们期望通过这次修订，能够更准确地把握时代的需求，提升教材的质量，并展现新时代的特性。与第1版相比，第2版保持了原有的总体结构，但我们对与新理念、新技术相关的局部章节和案例进行了全面的更新，同时也选取了北京林业大学、北京清华同衡规划设计研究院等新近完成的重要规划设计成果，以及部分新的经典案例项目考察成果。对于第1版中不够准确、精炼的内容，也进行了修正和完善。

　　第2版的编著工作主要由北京林业大学钱云、李倞团队负责，在整个修订过程中得到了第1版参编各位同仁的大力帮助和支持。新版内容中引用了大量的数据、资料和图片，我们在脚注和参考文献中尽可能详尽地列出了这些资料的来源，但可能仍会有疏漏之处，敬请谅解。在此，我们要向提供大量一手资料的北京同衡思成文化遗产保护发展有限公司的彭海东、吴博，成都市公园城市建设发展研究院的陈明坤、冯黎等同仁表示衷心的感谢。同时，北京林业大学的研究生周佳敏、金毓颖、张子璇、刘昊天、孙丹丹、蓝佩萱、肖江和瑞典皇家理工学院的研究生刘艳林也协助完成了资料收集和插图绘制等工作，一并表示感谢。

　　此外，第2版在数字资源方面也进行了更新，以适应新时代教育信息化环境，更好地满足线上线下混合式教与学的需求。尽管编著团队在专业领域有着丰富的经验，但书中难免会出现不够完善之处，我们诚挚地邀请各方专家和读者们批评指正。

钱　云

2023 年 7 月于北京

第1版前言

  本教材旨在为普通高等院校风景园林、园林、环境设计等专业的学生学习"城市景观规划设计"及相关主题课程，或自行学习该领域的理论知识与实践技能而编写。在人居生态环境规划设计领域不断拓展的背景下，相关主题的学习有助于拓宽上述专业学生的知识面、开拓设计思路、完善专业技能。同时，可与研究生阶段的"风景园林综合Studio"等诸多核心课程实现良好的衔接，也为培养知识和理论体系更加完善、专业技能更为全面的未来风景园林师、环艺设计师打下良好的基础。

  限于课时和学生的基础，本教材力图内容精炼，主要集中于探讨城市自然环境、绿色开放空间构建的理论、方法与实践，使学生能够在有限的课时内集中完成更为接近本专业实践的学习训练。同时，为了突出该课程的高度实践性，在编写人员和编写顾问中，吸收了来自规划设计一线的资深城市景观设计师，以避免教材编写中闭门造车、脱离实践的问题，有效保证读者能够学以致用。

  本教材的内容大部分已在北京林业大学园林学院面向风景园林、园林专业本科生三年级的教学实践中多年应用，通过师生们的充分互动，对教学内容和方法已进行不断完善，逐步实现了规范化。期望通过教材的出版，使相关教学思想在更多教学实践中得以应用，获得更多的反馈，促进该课程教学质量进一步提升。

  本教材由钱云任主编，李倞、吴丹子、李梦一欣任副主编，编写分工如下：第1章由钱云、韩昊英、刘巍、张俪烨编写，李梦一欣校对；第2章由钱云、吴丹子、李梦一欣编写，吴丹子校对；第3章由钱云、汪坚强、邓翔宇、盛况、郑善文和黄文柳共同编写，李梦一欣校对；第4章由李倞、李梦一欣编写，钱云、吴丹子校对；第5章由钱云、吴丹子编写，李倞校对；第6章由吴丹子、杨震、易鑫编写，李梦一欣校对；第7章由李倞、钱云编写，吴丹子校对。钱云完成全书统稿。

  北京林业大学王向荣、郑曦、林箐、李翅等教授，刘祎绯、徐桐、李方正、张诗阳等老师均为本书的编写提供了诸多建议和帮助；北京林业大学研究生孙甜、贾家妹、李秋鸿、韩炜杰、吴锦导、蓝佩萱、张权、李敬婷及本科生杨若凡、魏敏、郭卓君协助完成了资料整理和插图绘制，在此一并致以衷心的感谢！

  本教材首次编写，书中存在诸多不够成熟的内容，望读者谅解并提供宝贵意见，以供再版时不断完善。

编 者

2019年于北京

目　录

第1章

绪论

在人类进入 21 世纪以后，已经建立起一个以绿色生物系统工程为主的新学科，这个新的综合工程学科，是在"人工环境"（如城市、村庄、工厂、矿山等）中，建立绿色生物系统工程，与土木工程和建筑工程系统融合而成为一体，建成一个安全、卫生、宁静、健康、舒适、美观、文明的，适于人类生存的"人居环境"。

——孙筱祥

1.1 城市可持续发展与城市景观营造

城市是有史以来人类生活最重要的共同家园。

根据联合国的数据，尽管城市地区的面积不足全球陆地面积的 3%，但目前全球人口的一半（约 35 亿人）生活在城市。城市中的能源消耗达到全球能耗的 60% ~ 80%，并产生了全球 75% 的二氧化碳排放量。在全球范围内，这种不断集聚的趋势还将继续，预计到 2030 年，近 60% 的世界人口（约 50 亿人）将居住在城市地区。

城市是人类社会进入较高级阶段的产物，是人类文明丰富内涵最重要的承载场所。城市景观的发展演变历程也是反映人类文明历史演进的生动写照。一方面，"城市让生活更美好（Better City, Better Life）"*：城市中较高密度的人口集聚，可以带来生产效率的显著提高、技术创新和新的

生活方式的产生，同时有利于减少资源和能源的人均消耗；另一方面，近年来城市规模的快速扩张对自然资源保有与利用、环境品质营造和公众环境健康等带来了巨大的压力，人类开始时常怀念早先分散居住时代的舒适、安逸与稳定，并对现代城市建设与景观环境营造的方式进行反思。时至今日，对城市景观环境营造的关注，已史无前例地成为人类社会长期可持续发展的重大核心问题，在可持续发展的理念和目标中占据极为重要的地位（联合国，2016）。

2016 年起，联合国发布并启动《2030 年可持续发展议程》（*Transforming our World: The 2030 Agenda for Sustainable Development*），呼吁世界各国即刻采取行动，为实现 17 项可持续发展目标（sustainable development goals）而努力（图 1-1）。联合国 193 个成员国在 2015 年 9 月举行的历史性

图1-1　17项联合国可持续发展目标（2016—2030）
（https://www.undp.org）

---

* 2010 年上海世博会口号；2018 年"世界城市日"口号。

首脑会议上一致通过了这些颇具变革性且雄心勃勃的可持续发展目标，旨在到2030年以综合方式彻底解决社会、经济和环境3个维度的发展问题，转向真正的可持续发展道路。

在17项具体的可持续发展目标中，第11项目标是"可持续城市和社区"，明确提出了"建设包容、安全、有风险抵御能力（韧性）的可持续城市及人类居住区"。这是首次为城市发展设立单独的目标。其中分目标7特别提到："到2030年时，让所有人，尤其是妇女、儿童、老年人和残疾人，都有安全、包容、无障碍的绿色公共空间。"

一致公认的是，在未来的数十年中，约95%的城市扩张将主要分布于亚洲、非洲、拉丁美洲的发展中国家和地区。就中国而言，改革开放以来城市人口比例由极低的水平迅速超过了世界平均水平，并还将在未来相当长的时间内以较快的速度持续上升，成为全球范围内当代城市重塑的"主战场"和"试验田"。

因此，如何通过有效的城市景观规划设计，形成良好的城市景观格局，使未来城市成为理想的乃至诗意的栖居之地，势必成为全人类尤其是以中国为代表的发展中国家和地区人民共同关注的重大问题及长期追求的目标（图1-2）。

1.2　城市景观规划设计内涵

城市景观规划设计是一个内涵十分丰富的范畴，其内容和形式也可从多维度进行理解。

从较为狭义的角度来理解，城市景观规划设计通常指以"自上而下"的方式对城市景观的营造进行"人工干预"。干预的主体一般是城市建设决策者和规划设计专业人士，对象则是包括各种社会活动的空间形态载体。无论在宏观尺度还是微观尺度，"自上而下"的城市景观规划设计是指主要按某些特定的理念或对理想格局的设想，以明确清晰的一整套设计准则，在严格的控制和要求之下进行城市景观营造的实施。历史上，很多经典的城市景观规划设计及其相关的建成环境案例一般都是在集权统治的社会制度下，以强力控制机制下的建设方式，并在某种时期某种程度上对一个地区、一个国家，乃至世界产生了专业上的显著影响，是一种"决定论"驾驭的设计和工程实施管理的城市景观规划设计。这种规划设计方式所形成的城市景观形态常表现为规则的构图、严谨的布局、鲜明的等级和全局的秩序感（图1-3、图1-4）。

图1-2　拥有良好城市景观格局的典型案例——杭州（韩昊英摄影）

图1-3　经严格规划建设形成的经典城市景观——北京（陈雨茜摄影）

图1-4　经严格规划建设形成的经典城市景观——罗马梵蒂冈中心区（李梦一欣摄影）

从广义的角度来理解，城市景观规划设计包括发生在世界各个城市角落中各种基于个体诉求或社区集体诉求的多元、多义的环境形态营建活动。许多城市的景观格局是以自然形成的聚落为基础，在漫长的历史进程中以不自觉的方式逐步演变而成的。城市景观格局没有一个清晰的、预先构想的目标和模式，而是通过不同的主体，在考虑与外界自然环境的融合、体现社会经济文化的客观需求下，通过渐进、试错、累积、小规模和"非专业"的方式来实施城市景观的营造，是一种对于环境具有敏感和自适应的"行为主义"城市景观规划设计。这种规划设计方式所形成的城市景观形态一般较为自由灵活、有机多变，体现出与不同时代和地域特征相关联的、呈杂糅式或层叠式展现的空间秩序规律（图1-5）。

事实上，大多数城市景观营造的过程，均是"自上而下"和"自下而上"两种方式的兼容并蓄，难以完全清晰分开。相当数量的城市由坐落在自然环境中的各种聚落，"自下而上"逐渐发展，经过长期持续的演变，形成了自身独特的体系和秩序，之后又在特定的历史条件下，以其固有的体系和秩序为前提，充分发挥人为的作用，"自上而下"使之成为符合特定生产生活方式和文化理念、更成为现代化并面向未来的城市景观格局（图1-6）。

总言之，在推动可持续发展、实现美好生活的时代主题下，城市景观规划设计的过程通常认作营造舒适宜居、富有特色和充满内涵的城市人居环境、场所最直接和有效的手段。通过高水平的城市景观规划设计，能够承载城市发展的客观需要，展现和优化城市景观要素的生成和演变逻辑，并使人们能够体验、感知其生活意义、文化

图1-5　"自发建设"形成的城市景观——希腊圣托里尼（李梦一欣摄影）

图1-6 自然与人工环境有机结合的城市景观——德国柏林（引自Google Earth）

特色和视觉之美。随着当代社会的不断进步，城市环境要素体系日趋复杂，城市景观规划设计的作用越发显著，新的理念、内容和方法也不断涌现，将展现出无限的生命力。

1.3 西方城市景观规划设计沿革

在西方国家工业化以前，对"城市"和"景观"的塑造大体上是彼此分离的。古代西方"造园"活动的对象主要是供皇室使用的猎苑（Hunting Park）、皇家宫苑，贵族的城堡园林、别墅（Villa）园林，寺庙园林，富裕阶层的私园等。无论是基于自然和半自然环境的尺度较大的猎苑和寺庙园林等，还是较小的私园，大多都是单独封闭起来的，仅满足少数人游憩、休养和心灵寄托的需要，往往富有神圣、神秘和高雅的色彩，形态上常成为某种艺术思想的直接体现，与普通大众的日常生产生活并无联系。

然而，城市是一个颇为现实的世界。无论是中世纪由手工业和商业人士聚集而形成的城市，还是伴随着机器大生产迅速扩张形成的工业城市，主要建设活动均高度遵循"充分发挥土地的经济价值"的理念。随着城市经济活动的发生、发展，城市居住环境普遍恶化，因此往往呈现出高度拥挤、严重污染的不堪面貌。对城市各地块的建设显著地体现出一种日渐增长的竞争趋势，很少考虑审美和公众休闲活动的需要。

直到19世纪下半叶，为了改善工业化时代日益恶劣的城市环境，对城市景观进行统一的规划设计被认为是有效的公共治理手段。世界上最早的、具有真正意义、公益性的且对所有公众开放的"公园"（英国利物浦伯肯海德公园、美国纽约中央公园）和"城市景观系统"（波士顿"翡翠项链"系统）就产生于这一时期（图1-7）。

在这一通过景观规划设计改善城市环境的进

图1-7 早期对西方城市景观规划设计产生深远影响的作品——纽约中央公园（引自https://www.centralpark.com）

程中，最有前瞻性和影响力的人物当属美国景观设计大师奥姆斯特德（F. L. Olmsted）。他不仅被公认为是"现代风景园林学之父"，而且他的思想和实践都与城市设计密切相关。奥姆斯特德积极参与实践和社会活动，通过打造公园和景观系统，使景观要素成为城市设计的重要内容，并且通过诸多具有前瞻性的代表性项目提供优质的城市绿色公共空间，逐步改善了工业时代的城市环境，从而有力影响了美国乃至全世界的城市建设思想，也使"城市景观规划设计"的思想逐步明晰，即城市景观规划设计成为专门关注三维空间形态要素的组织艺术，主要负责将建筑、街道、绿色空间和公共设施等按功能和美学原则组合成一个有序的体系。

20世纪下半叶是全世界城市发展的高峰期，随着城市的不断发展、演进，与之相应的是"城市景观规划设计"的含义与范畴更为宽泛。第一个趋势是城市建设本身的边界不断突破，城市建设的范畴拓展为对一个广阔地区内自然资源、人类活动、公共设施和风景要素的总体空间布局。在城市建设边界不断突破的过程中，逐步强化城市和自然、农林系统景观要素之间的关联，将城市景观系统融入区域层面。从这一专业角度来看，城市规划设计所涵盖的具体内容和尺度都在很大程度上随着城市空间结构的变化而扩展。第二个趋势是在城市内部，不再只是局限于在快速扩张的建设用地中"见缝插针"地发掘绿色景观网络体系，而是随着工业社会的转型开始关注诸多生产或基础设施用地老化废弃后留出的更多"潜在"的城市公共空间，结合对生态、文化和经济等方面的时代需求，对原有的城市景观系统进行修复、修补和优化。第三个趋势是极大提升了历史文化遗产保护与利用的重视程度，城市景观规划设计的思考维度进一步丰富。特别值得一提的是，自1960年以来，受一批饱含人文精神和批判精神的学者思想的影响，在城市景观规划设计中，更多地考虑到人们日常活动的需求，从而将人们的日常劳动、居住、游憩和集会等活动场所的营造作为更为本质性的内容，同时强调满足公众或集体利益，并考虑通过加强公共空间的沟通、共享等方式来提高社会资源的公平分配。

以上两个层面的发展趋势代表了不同时代对城市景观规划设计工作需求的转变，从中也可见其视野及工作范畴的扩展和演变。其内涵的主要演进特征是：从关注空间环境，特别是绿色空间环境的艺术，到关注城市的功能、人文活动场所和社会需求，即从艺术性过渡到功能性、社会性的城市空间环境营造；从关注城市内部秩序的设计到关注包含周边自然地域的广阔区域的总体设计，即从城市单一性内部体系构建过渡到区域性整体系统设计；从关注物质空间的建设到更加关注满足生态规律和公众利益的综合实践，即从城市实体性建设过渡到更广泛的整合生态效益、社会效益、经济效益的城市实践。

历经了多个时期的发展演变，西方当代城市景观规划设计的思想已日趋复合化，实现了自然与人文过程认知的并重以及整体协调发展。从某种意义上讲，当代西方城市景观规划设计的理念，已与中国自古以来的传统城市营建理念越来越相似。

1.4 中国城市景观规划设计沿革

中国对城市和景观环境营建的思想理念可追溯到上古时代聚落营造中的"国野一体"观念。在先秦时期礼乐文化的政治体制下，以分封、赋税为基础的国、野一体的城乡景观体系逐步形成。《周礼·天官·序官》开篇即有"惟王建国，辨方正位，体国经野"的说法。其中"体国"就是按照《考工记》营城制度对城郭内土地进行功能、权属和空间的分配，"经野"则是按照三等采

地和井田制对周边郊野进行划分，两部分安排在规模和空间上均存在严格的对应关系。《管子·八关篇》对此作了进一步阐述："夫国城大而田野浅者，其野不足以养其民……凡田野，万家之众，可食之地方五十里，可以为足矣。万家之下，则就山泽可矣。万家之上，则去山泽可矣。"秦汉以后两千多年的中国社会总体上继承了西周这一整套礼制制度的主要内容，使古代中国城市和周边郊野地区长期呈现高度一体的"景观统筹规划"，这与欧洲中世纪封建社会的情况完全不同。

在这一体系中，尽管在政治上以"国"为核心，以"野"为边缘，但在聚落空间营造上却高度强调对自然环境基底的尊重，"国""野"之间有机联络、功能互补。中国是自然环境复杂，水资源等时空分布极不均衡的国家，这促使中国古人在聚落建设中尤为重视地形地貌勘察、水源保护、水灾防范等问题。《管子·乘马篇》对城市建设与山水环境的关系有着较详尽的解释：在城市选址上，主张"凡立国都，非于大山之下，必于广川之上；高毋近旱，而水用足；低毋近水，而沟防省"；而在城市形制上则主张"因天材，就地利，故城郭不必中规矩，道路不必中准绳"（吴良镛，2014）（图1-8）。

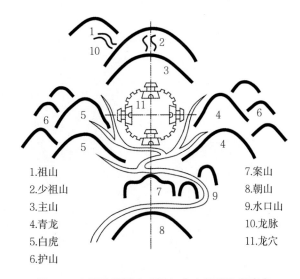

1.祖山 　　　　　　　7.案山
2.少祖山 　　　　　　8.朝山
3.主山 　　　　　　　9.水口山
4.青龙 　　　　　　　10.龙脉
5.白虎 　　　　　　　11.龙穴
6.护山

图1-8 中国传统城市建设与山水景观格局意象

这种"国野一体"的理念强调了人与天地之间、文化与自然之间的关系是连续的，表现为中国传统城市与其周边自然环境高度的空间连续性，从而造就了诸多独特的、不可复制的城市形态和风貌。中国古代城市的选址极其重视山水格局，择形胜之地而居之，如北京城"水绕郊畿襟带合，山环宫阙虎龙蹲"，南京城"据龙盘虎踞之雄，依负山带江之胜"，古代山水画及舆图中都可见城市、城市群与区域山水相得益彰的布局。在具体的城市规划营建中，主持城市建设的地方官吏都将大地山水与城市景观建设作为构造城市结构的关键因素。著名的历史文化名城南京周边的狮子山、聚宝山、钟山多条山系与长江、秦淮河、金川河以及玄武湖等水系格局直接影响了历代城市选址和布局，对古城的城墙轮廓、空间轴线、街道走向等都起到了重要的限定作用，造就了南京城依山就势、蜿蜒曲折的独特城市形态（图1-9）。

同时，由于人类文化活动与自然环境的长期充分互动，"国野一体"中的"野"——即城市周边山水环境的内涵和范畴在历史发展中不断扩大，不仅限于各自然要素，也包括了大量的园林、寺庙、村庄、农田、墓葬等历史遗存和文化空间，这赋予了城市周边山水环境丰富的社会功能和文

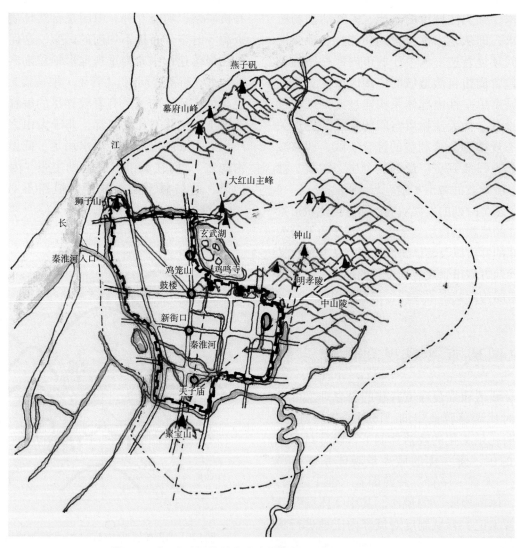

图1-9　融入山水环境的南京古城景观格局图（李敬婷绘制）

化内涵。例如，对泰山、黄河等名山大川的封禅、祭祀活动在历代均被视为最重要的国家大事之一，而各地府、县等周边的镇山、坐山等也往往拥有崇高的文化地位。这些历史文化要素往往沿驿道、运河、水系等线性空间分布，通过各节点间不同功能彼此串联形成网络，组成完整的文化景观体系，较全面地呈现出整个"国—野"体系在军事防御、社会组织、经济生产、祭祀礼仪、休闲游憩等多方面、多层次的历史信息。西安、济南、福州等诸多历史悠久的大城市营建均清晰地体现类似的理念（张杰，2016）（图1-10）。

通过以上分析，不难看出这种基于"国野一

体"、饱含历史遗产的景观要素网络能够充分体现东方文明在聚落营建上的独到智慧，也为聚落整体形态的发展演变历程提供了较为可靠的解释。因此，构建"城市—风景—遗产"一体的研究视野，致力于将城市（尤其是传统城市）与周边自然环境统一筹划，并充分关注自然山水和历史文化遗产等景观要素的影响，有助于从"空间"和"时间"两个维度进一步拓展发掘"国—野"之间的互动影响，是当代人居环境学科领域充分继承和发扬中国传统文化思想的具体体现，也是城市景观纬度下的重要任务之一（汪德华，2005）。

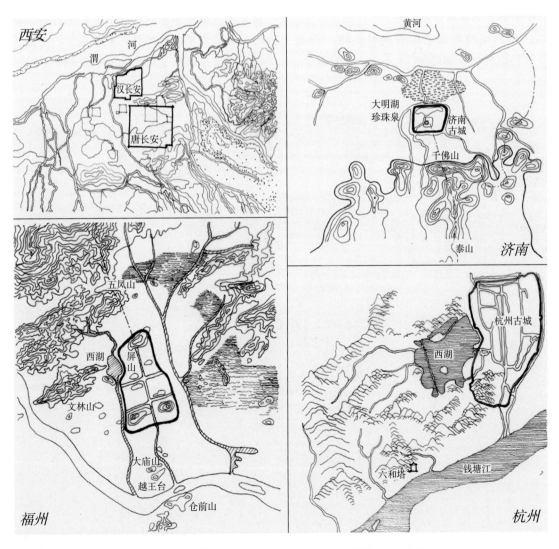

图1-10　融入山水环境的中国古代典型城市景观格局图（李敬婷绘制）

案例1-1　北京古城和"三山五园"——中国古代山水城市景观规划设计的杰出案例

美国风景园林规划大师西蒙兹（John Simonds）在他著名的文集《启迪》（Lessons）中记录了他对北京这座巨大而美丽的花园式都城的深刻印象："在这片有良好水源的平原上，人们可以与上天、自然以及同伴们和谐共处……蓄水池以自然湖泊的面貌贯穿整个都城，挖出的土用来堆成湖边的小山，湖边和山上种植了从各地收集来的树木和花灌木……准确地说，整个城市被规划为一个巨大而美丽的公园，其间散布宫殿、庙宇、公共建筑、民居和市场，并全都有机地结合在一起。"

因此，北京城的美丽不是偶然形成的，而是从宏观布局到微观细节都遵循"天人合一"的理念，并依此理念精心构思而成的。

北京城的西、北和东北被群山环绕，东南是开阔的平原。市域内有5条主要河流，其中水量最大的永定河在历史上不断改道，留下了几十条故道和广阔的冲积扇平原，这些故道随后演变为许多大大小小的湖泊。有些故道转为地下水流，在某些地方溢出地面，形成泉水。

北京有约3000年的建城史。人工建造长期与自然环境完美地叠加融合，清代在西北郊建造了"三山五园"，将西山和玉泉山众多泉流汇纳，形成这些园林中的湖泊，再通过高梁河将水引入城市，串联起城中一系列湖泊（图1-11）。诸多宫苑、坛庙、王府临水而建，水岸成了城市重要的开放空间，城中水系再通过运河向东接通大运河。由此，北京城市内外的自然景观成为一个连贯完整的体系，这一自然系统承担着调节雨洪、城市供水、

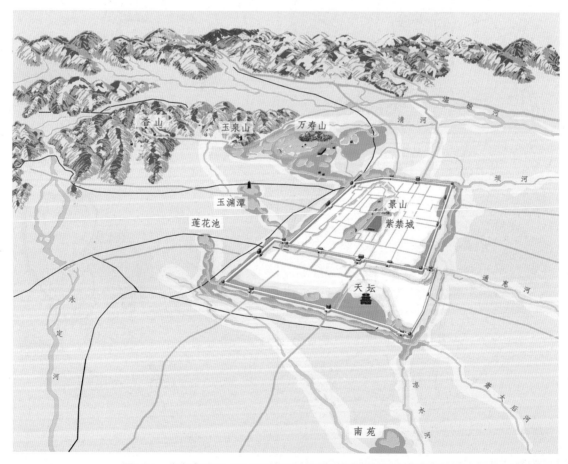

图1-11　北京古城及"三山五园"地区景观格局图（郭卓君绘制）

漕运、灌溉、提供公共空间、观光游览、塑造城市风貌等复合功能。城市居住的基本单元——四合院平铺在棋盘格结构的城市中，每个四合院内都种有大树。如果从空中鸟瞰，北京城完全掩映在绿色的海洋之中，每个院子里也都有别样的风景。

北京是体现中国古代山水城市理念最重要的案例之一。北京古城的存在与其周边诸多与之相关、为之服务的重要场所环境相关，包括位于东、西、北郊的日坛、月坛、地坛等皇家祭祀场所，西北郊大规模的皇家园林和行宫群，西南郊永定河上的卢沟桥和拱极城（今宛平城）等重要的防御门户，东郊通惠河等漕运通道，以及南苑、北苑、皇寺、东岳庙等不可分割的组成部分。

其中，西北郊的"三山五园"极为典型地展现了中国传统人居理念中对山水要素的尊重，同时也是各类历史遗存高度聚集的地区（图1-12）。西北部的燕山余脉、山下的永定河冲积扇和大片稻田，造就了这一地段蜿蜒丰富的视觉景观、丰沛的水源及丰茂的植被。依托这些自然条件，多个皇家园林在自然景观上互借互成，西山作为视觉大背景，香炉峰、玉泉山、万寿山、平顶山、百望山等自然山体分别成为不同园林的主要借景点或控制点，共同形成一个"移天缩地在君怀"的眺望体系。* 在功能上，5个核心园林各执其责：静宜园、静明园主要承担涵养水源和山居游赏的功能；畅春园为皇太后住所；圆明园集园居、理政、游憩于一身；颐和园初为城市的调节水库，后代替圆明园承担园居、理政功能。此外，还有大量配套服务设施分布于各个园林之间及周边，如京西稻田为皇室提供稻米，八旗营房是皇家安全防卫体系，周边的私家园林群供予皇帝日常议政的官员居住。而从文化的视角，"三山五园"的造园艺术不仅集中体现了中国传统审美理念，还在诸多景点的营造意境和命名方面（如"正大光明""万方安和"）强烈地反映了中国正统的儒家思想。圆明园西洋楼遗址、清华大学和北京大学近代建筑还记录了近代战争对人类文化杰作的巨大损害，以及中西文化交流的重要历史阶段。在如此集中的地域内，历史遗产的保存之完整、信息之丰富、影响之深远，在世界范围内都是绝无仅有的。

图1-12 "三山五园"地区盛时景观格局图（引自北京林业大学"三山五园"研究团队）

---

* "三山五园"中的"三山"指香山、玉泉山、万寿山；"五园"指圆明园、畅春园、清漪园（后改建为颐和园）、静明园、静宜园。

1.5 当代城市景观规划设计意义与价值

1.5.1 城市景观规划设计在城市特色塑造中的价值

在城市研究和建设实践中，城市景观规划设计最重要的价值体现在对城市特色风貌塑造的研究中。自工业时代以来，以技术理性思想和功能性分区主导的大量"现代化"城市新区以"千城一面"的方式迅速蔓延，特别是随着全球化影响，快速的城市化进程对传统城市周边的自然、遗产地段造成了高强度的入侵，导致传统城市的景观格局体系日趋碎片化，不仅景观视觉价值严重损跌，而且由于城市传统文化载体的消亡，直接造成城市文化认同感急剧下降，特色景观形态对人居聚落体系发展的解释性功能也大大衰退，这对于城市未来可持续发展的探索造成了巨大的威胁。基于这一现状，对城市特色风貌的保护与重构也因此成为一项世界性的重要议题。

在对"增长至上""人定胜天"思想深刻反思后，西方城市景观设计的发展走过了一条从否定传统到再次回归传统的轨迹。诸多评论家均指出，当代城市景观规划设计应努力找回正在失去的欧洲传统城市中的人文主义精神，努力塑造类似传统城镇的丰富性、自然的空间形态，尤其是重视传统城市中连续的步行体系和多样化社会生活对城市美学和文化精神的影响。因此，向传统城市学习，以把握人居环境发展中经久不衰的历史经验，已经得到了广泛的共识。当然，利用城市更新的机会，重提人文关怀、回归传统价值的轨迹，还需要与现实的社会、经济、文化条件相结合，从而创造性地弘扬传统，绝非简单的复制与重现（王建国，2011）。

众所周知，中国正在经历世界罕见的城市建设高速扩张期，也是城市特色风貌丧失尤为严重的时期。无论是如广州古城"青山半入城，六脉皆通海"的整体格局，还是如济南古城著名

的"佛山倒影"风貌，均已残破不堪。值得庆幸的是，当前诸多城市已开始在城市特色风貌保护、城市总体景观格局营造方面展开研究。事实证明，支撑城市发展的原生自然环境和真实留存的历史遗产，必将是城市形态中首要的、不可复制的特色所在。因此，对中国城市中传统的"城市——风景——遗产"体系的再认识和重新构建，必然会成为新时期城市特色风貌营造的核心任务。

案例1-2 济南大明湖及护城河更新规划

济南在缺水的中国北方城市中是一个独特的存在，由于地理位置及地质构造，它有着丰富的地下水资源。城市、护城河、大明湖和众多的泉水相融，成为济南最珍贵的城市结构。但随着济南城市的不断扩张，城、河、湖、泉的城市结构被破坏，建筑、围墙、地形和植被将湖泊封闭，护城河与城市道路存在巨大的高差，人们在城市中难以感受到湖泊与护城河的存在（图1-13）。

济南大明湖及护城河更新规划将大明湖东部拓展与小东湖相连，增加湖东西两面的景深；南岸在保留原有价值的民居、街巷和城市肌理基础上，形

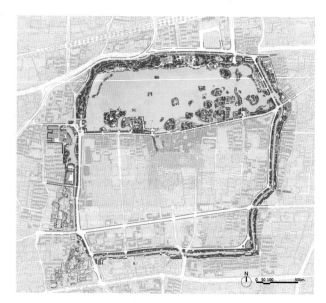

图1-13 济南大明湖及护城河更新规划总平面图

（引自北京多义景观规划设计事务所）

成群岛结构，扩展水体面积。通过岛、桥、栈道、湿地等划分出不同尺度的水体空间。同时贯穿护城河与大明湖，使两者成为一体。规划重新调整了护城河的水岸空间，完善护城河的滨河步行系统，将护城河更好地融入城市之中（图1-14）。

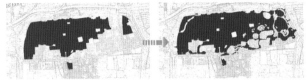
大明湖水域前后对比

大明湖已从一个公园中的湖泊变成城市中的湖泊

图1-14 济南大明湖及护城河更新规划及实施效果
（引自北京多义景观规划设计事务所）

更新后的大明湖与护城河景观类型多样、空间层次丰富，具有多种与市民生活息息相关的城市公共开放空间。大明湖、环城公园、城市三者能够紧密地联系在一起，充分体现了"泉、河、湖、城"一体的独有魅力。

1.5.2 城市景观规划设计在风景园林营造中的价值

一般认为，风景园林（Landscape Architecture）是指用艺术和技术手段，处理人、建筑环境和自然环境等要素之间复杂关系的综合性学科。风景园林学是以守护山水自然、地域文化和公众福祉为目标，综合应用科学、工程和艺术手段的学科，是通过保护、规划、设计、建设、管理等方式营造健康、愉悦、适用和可持续地景的学科。

风景园林学具有两重特性，即整合性和落地性。整合性又可以分为3个层次：第一是联结性，即风景园林可以联结人与自然、科学与艺术、理工与人文、物质与精神、客观与主观、理性与感性等诸多看似相对却相互依存的二元范畴；第二是综合性，即风景园林不仅能够联结上述不同领域的知识范畴和思维工具，而且能够在风景园林保护、规划、设计、建设、管理等方面综合应用上述知识和工具；第三是整体性，即风景园林在联结性和综合性的基础上，整合上述广泛知识和工具，具有系统、有效关联土地营造知识体系和实践方法的潜力。

探究其学科发展的历史，自采集狩猎文明以来，风景园林实践已经存在发展了约1万年。作为一门学科，普遍认为可以上溯至古代的造园术。早期以宫廷苑囿为代表的造园实践因规模有限，与周边环境的相互影响和融合不甚显著，其营造逻辑主要满足审美和文化追求。西方工业革命以后，随着城市与周边自然环境的互动加强，风景园林规划设计的范围迅速扩大，以奥姆斯特德为代表的现代风景园林师开始涉足较大尺度自然景观与城市景观的营造。自此，现代风景园林学科不再只关注被围墙所包围的、世外桃源式的图画风景，对待城市环境采用"佳者收之、俗者屏之"的思想也被改变，转而关注更为宽泛，包括各类城市公共空间等对象的景观系统，与生态科学、人文精神的互动越发深入。因此，景观被视为一种物质环境和人类社会之间最持久联系的产物，是人类在与其周围世界相互作用的过程中所创造的。人们需要在各自的自然和文化历史背景下看待景观（伊恩·D·怀特，2011）。

因此，当代风景园林研究和实践的内容，已逐步认为是对一个多层复杂系统及其叠加过程的解析与重塑。这一复杂系统包括了反映地貌塑造过程的自然系统，源于自然基底并依赖生物自然生长的农业系统，以及人工显著改变原始地貌并具备系统功能的聚落系统。各个自然层和文化层长时间形成了由下而上的堆积形成过程，每一层都为后一层提供了空间上的环境累积。这一系列层层叠叠的累积随着时间的发展给城市留下了最深刻的烙印，不论其在真实的环境中可见与否，它们都需要在城市规划师、风景园林设计师的眼中被重新发现、挖掘、转化，并从整体上与城市构成一个密不可分的复杂的动态系统。因而在风景园林规划设计中，除了注重空间的开放性，还必须考虑时间维度，从景观系统的生成发育和动态演变中进行把握，其研究的重点聚焦于社会经济、历史文化和自然资源等多个子系统叠加时的相互关联。具体而言，风景园林规划设计就是在选定的地域背景下，剖析景观系统的生产、生活、生态属性和人文艺术内涵，注重自然、农业和聚落系统的生成机制和互动影响，进而探讨其更新途径及在面对工业化强力冲击下的自我修复和可持续生长策略。

事实上，城市景观系统中高度的组织性和关联性在诸多中国传统城市的文化景观格局中都表现得极为显著。从宏观层面来看，中国古人很早就把昆仑山视作众山之主，整个华夏大地的山水格局分为三大干系，每个都城、州府衙门所在地都被当作其中的穴场。从微观层面来看，城市的轮廓、边界、轴线等往往依靠自然山水环境和重要人文遗迹作为地理坐标来完成。此外，古人常用"燕京八景""西湖十景"等来提炼栖居区域内具有特色的优美场所，尽管使用的是文学性、艺术化的语言，但仍或强或弱地强调宏观景观风貌的体系性。

因此，对城市景观系统的研究和关注，反映了风景园林学科从主要关注"建造活动"转向更为关注"层级体系的演变过程"的发展变化。在强调"可持续发展"的时代背景下，城市景观规划设计的过程基于对城市功能、历史信息和生态过程的解读，更加科学、完善地实现了城市景观格局的重塑、再生，也强化了风景园林学科的生命力（王向荣，2019）。

案例1-3 济宁采煤塌陷区绿环规划

山东省济宁市是中国重要的煤矿基地之一。长期以来，矿产资源生产与城市、乡村的发展存在着诸多矛盾，导致了环境污染、工业围城。随着近年来煤炭资源的枯竭，城市就业岗位大量萎缩，环绕城区形成了大量积水沉降地带，对城市和周边乡村地区的生活和基础设施状况造成了极大威胁。基于此，该规划旨在启动济宁采煤塌陷区整体生态修复过程，通过自然植被的演替恢复、积水坑塘体系的整理、都市农业和乡村休闲旅游的引入、生物多样性栖息地的重构，逐步形成一个环绕城区的韧性生态绿环。这也将成为济宁新的城市绿色经济的引擎，以及360°全景式后工业景观游赏带。

该规划直面传统工矿业对城市景观空间的持续威胁，在充分踏勘现状和进行生态模拟的基础上，期望通过对自然演替过程的强化和关注，重新寻找和解读新时代人类活动与自然系统的动态平衡关系，体现风景园林方法在解决城市问题中的特殊作用（图1-15、图1-16）。

1.6 新时代城市景观规划设计创新探索

城市景观规划设计是一个高度复合且随着时代变迁不断发展的领域。作为世界人居环境建设的"主舞台"，当下中国城市景观规划设计事业在持续快速发展的同时，也正经历前所未有的理念和模式的变化与转型发展，一系列新观念、新方法等不断涌现。

2011年，中国的城镇化率历史性地超过50%，这标志着城镇化进程进入了新的阶段，对城市可持续发展的讨论也引起了更为广泛的关注并具备了高度的现实意义：一方面，对既往城市高速、简单扩张诸多弊端的反思日益深入；另一方面，面向未来"存量更新"乃至"减量提质"的城市景观规划方法的讨论和探索也日益涌现。

2015年，时隔37年再次召开的"中央城市工作会议"，针对其时中国城市发展中遇到的各类城市问题，提出"加强城市设计""让城市再现绿水青山"，强调理想的城市景观应该"看得

图1-15 济宁采煤塌陷区绿环规划总平面图（引自北京多义景观规划设计事务所）

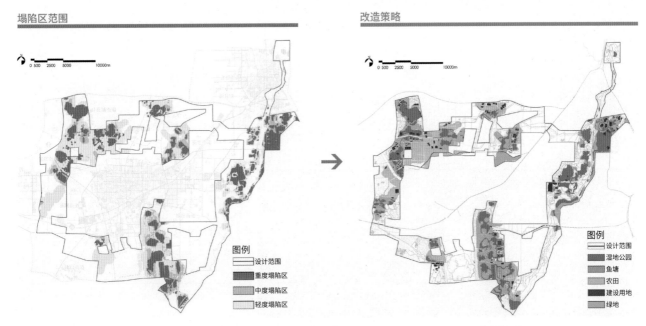

图1-16 济宁采煤塌陷区生态修复专项策略（引自北京多义景观规划设计事务所）

见山、望得见水、记得住乡愁"。实践层面的探索主要围绕"城市双修"，即"生态修复、城市修补"的主题展开。其中，生态修复旨在有计划、有步骤地修复被破坏的山体、河流、植被和自然地形等，重点是通过一系列手段恢复城市生态系统的自我调节功能；城市修补重点是用更新织补的理念，通过拆除违章建筑、修复城市设施、重塑空间环境风貌，提升城市景观的特色和活力，发掘和保护城市历史文化和社会网络，使城市功能体系及其承载的空间场所得到全面、系统的修复、弥补和完善。通过"城市双修"的一系列探索，将宏观层面的城市景观系统营造与中微观层面的更新实践衔接，使新时代的城市景观规划设计工作能够"向上""向下"融入新型城镇化战略和城市治理工作体系中。因此，基于当前新的城市景观规划内容与需求，诸多与城市景观密切相关的景观实践与探索已在国家、区域、地方层面积极展开，出现了许多优秀的城市景观案例及研究成果，以下将针对其中两个具体案例成都市环城生态公园生态景观提升和福州城市森林步道（"福道"）进行重点解析。

案例1-4　成都市环城生态公园生态景观提升规划

成都环城生态公园（图1-17）规划面积186.15km²，其中生态用地133.11km²，是国内首个立法保障、主体统一、多规合一的大尺度城市绿色生态空间。环城生态公园位于成都城市中心区外围，是以成都环城高速公路为纽带，将周边生态空间以及向城市内延伸出的楔形绿地串联为一个整体的绿色系统。场地具有良好的生态基底，局部地区既有的城市建设工程在一定程度上破坏了原有的生态环境，过度人工化的营造方式也侵蚀了传统的农耕文化景观。

规划首先分析其区位特征及其在城市规划建设中的定位，把握场地内及周边的8大类生态景观要素——水网灌渠系统、林盘系统及历史遗迹、生物栖息地、土壤及地表、植物群落系统、眺望系统、农田系统、绿道系统，提出环城生态公园

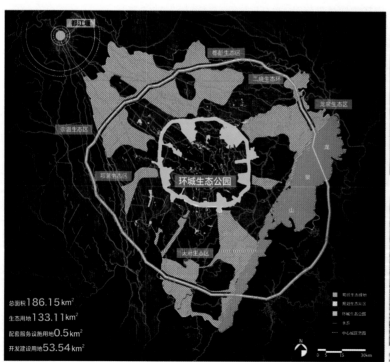

图1-17　成都环城生态公园区位与生态建设中面临的问题

生态景观提升的指导性目标，即尊重地表肌理，梳理通贯水系，保持植物层次，保有活化农田，栖地廊道连续，林盘完整利用，使绿道能接城见绿，使眺望能显山露水，期望成都环城生态公园不仅可以在改善气候、提升空气质量、水土保持，以及生物多样性保护等方面起到积极作用，而且

能够防止城市无序扩张，形成生态保护的屏障，还能够形成新的消费场所，使场地承载多样丰富的文化活动，带动旅游消费、促进经济价值转化。

针对8大生态景观要素，分别提出具体的策略和详细行动指引，共26类策略和80项行动指引（图1-18）。结合场地各处不同的建设进展及

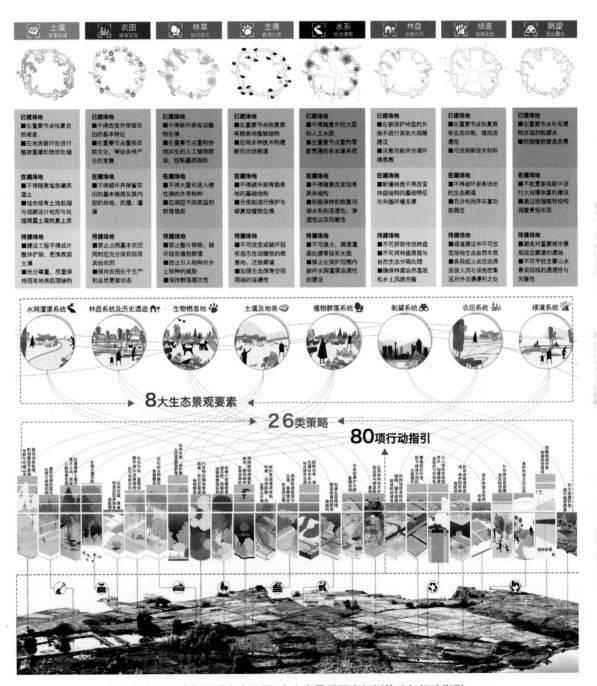

图1-18 成都环城生态公园8大生态景观要素规划策略与行动指引

生态景观要素特征，将133.11km²生态用地分为32个区段，172个片区，每个片区提出包含不同策略和行动指引的"菜单式"技术指引。

以植物群落系统和生物栖息地这一要素层面为例，规划提出5条生态景观控制廊道、4大生态景观控制斑块，以及包含成片密布的灌渠、堰塘体系和现状良好的林草资源的多点保育生态资源（图1-19）。在具体行动指引中提出，识别场地中的良好植被，增加缓冲带，保护优质斑块，抚育优化林地，适当疏伐，合理补植，约束设计管理参与模式，并且通过增加本地乡土植物，重构群落物种，凸显特色植物景观风貌，突出成都特色的具体方法（图1-20）。

通过上述分类指引的实施，引导其逐步实现生态型、高质量、人本化、有韧性的建设目标，成为连接"城市——乡村——园区"以及构成"山水田城景观系统"的重要节点。规划

措施还有：通过设立具有法律效力的制度保障，组建多领域专家组成的委员会形成组织保障，建立生态景观要素信息库和动态监测平台提供技术保障，并对政府官员和规划设计人员开展实施培训，推动公众参与监督，形成实施保障和公众保障。

案例1-5　福州城市森林步道（"福道"）

城市绿道建设近年来在全国各大城市均得到快速推动。福州城市森林步道，简称"福道"，秉承"福荫百姓，道法自然"的理念，突出"便民、生态、智能"三大特色，是目前中国最长的依山傍水、与生态景观融为一体的城市休闲健身走廊之一（图1-21至图1-23）。

"福道"主轴线长6.3km，环线总长约

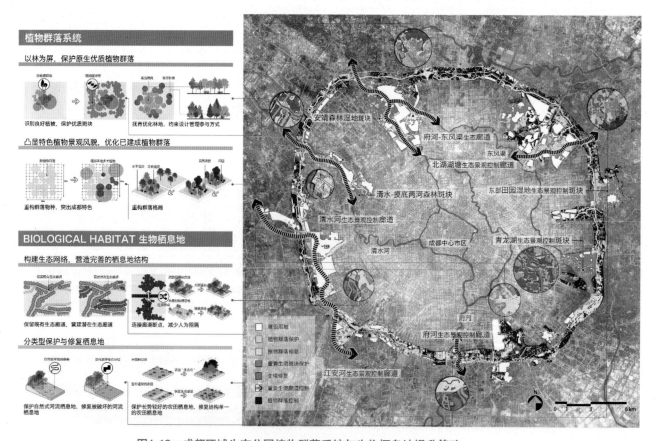

图1-19　成都环城生态公园植物群落系统与生物栖息地提升策略

生态景观要素及其提升策略：植物群落系统

Ⅲ-01 以林为屏，保护原生优质植物群落

- 识别良好植被，保护优质斑块
- 抚育优化林地，约束设计管理参与方式
- 群落发展动态监测，建立常规监测调查报告机制

Ⅲ-02 凸显特色植物景观风貌，优化已建成植物群落

- 重构群落物种，突出成都特色
- 调控郁闭型、空旷型、园林型群落格局
- 群落演替管理

Ⅲ-03 明确川西植物景观风格，控制新增植物群落结构

- 择优势乡土树种、建群种，凸显地域特色
- 选择园林造景、生态林、近自然群落建植方式
- 控制植物群落基础指标
- 近自然植物群落分类型建构指引

Ⅲ-04 利用植物建植新技术，提高城市生物多样性

- 清理入侵性强的恶性物种
- 引进保育本土濒危植物
- 建植协同共生人工植物群落
- 绿化基材喷播技术构建植物群落

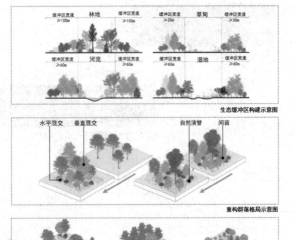

图1-20 成都环城生态公园植物群落系统提升策略与行动指引

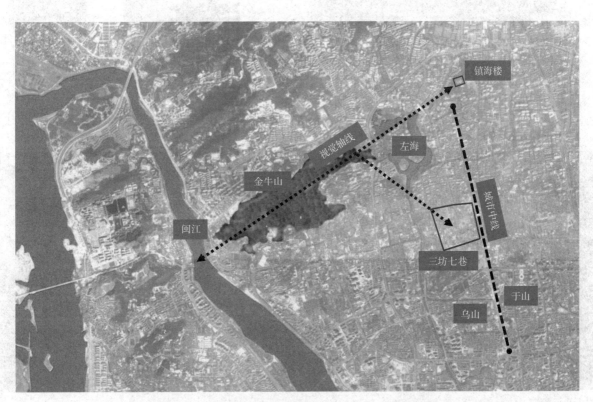

图1-21 福州城市森林绿道（金牛山段）区位关系图

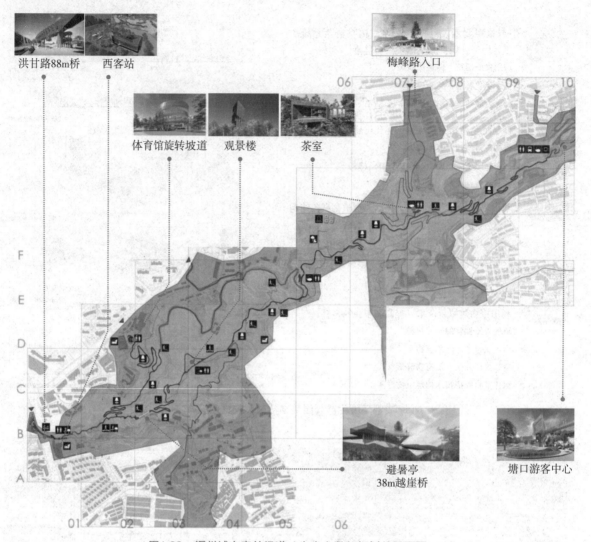

洪甘路88m桥　西客站

梅峰路入口

体育馆旋转坡道　观景楼　茶室

避暑亭
38m越崖桥

塘口游客中心

图1-22　福州城市森林绿道（金牛山段）规划总平面图

图1-23　福州城市森林绿道（金牛山段）建成实景（张俐烨摄影）

19km，共设 10 个入口，包括 5 个主要入口和 5 个次要入口，规划控制建设用地规模 0.48km²；服务周边人口容量 20 万人。福道东北连接左海公园环湖栈道，西南连接闽江廊线（国光公园），横贯象山、后县山、梅峰山、金牛山等山体，沿线共有 5 大公园（左海公园、梅峰山地公园、金牛山体育公园、国光公园、金牛山公园）和逾 10 处自然人文景观（如杜鹃谷、樱花园、紫竹林、摩崖壁、兰花溪等），既满足了市民休闲健身的需求，也成了览城观景的好去处。

设计力图打造自然景观与人工景观和谐共生，强调生态优先，促进健身康体，览城观景的城市核心区森林步道。"福道"为全国首例钢架镂空设计，主体采用空心钢管桁架组成，桥面采用格栅板，格栅缝隙在 1.5cm 以内，既满足行人与轮椅无障碍通行，又能让栈道下方的植物沐浴阳光雨露，自然生长。同时，在环线悬空栈道上，增设景观电梯进行连接，缩短绕行时间，并将悬空栈道、登山步道和行车道三者对接形成环形系统，确保游客能快速便捷地往返其间。

新时代以来，随着中国社会的主要矛盾已经转化为"人民日益增长的美好生活需要和不平衡不充分的发展之间的矛盾"，新发展理念——创新、协调、绿色、开放、共享的提出，更为具体地体现了对既往发展理念的修正和完善。此外，随着生态文明建设重要性的进一步提升，提出协调统筹"山水林田湖草沙"生命共同体。2018 年国务院机构改革中，新设立自然资源部，将之前分散管理的城乡规划系统、国土规划系统和国家林业局等机构整合，开启了"国土空间规划"的新篇章。这些重大事件表明，新时代的城市景观规划设计，不仅其重要性得到了广泛认同，而且这项工作从内容到视野都获得了极大的拓展。

新的时代，城市景观规划设计的核心任务应紧密围绕保护自然山水格局、传承历史文脉、彰显城市文化、塑造风貌特色、提升环境品质为目的，既重视对城市形态和环境景观所做的整体构思和安排，也要更加关注普通大众身边的人居环境建设品质。与过去大规模快速建设时期常出现的片面关注增长速度、短期效益、表面形象等实践相区别，新的探索必将更加注重对生态和自然要素的尊重，以及对历史、文化和日常生活的关注。

1.7 新时代城市景观规划设计人才技能与价值观

现代城市景观规划设计是伴随西方工业化以来城市建设快速扩张中产生的一系列城市问题而产生的。由于工业时代城市规模远超既往，功能复杂，为避免建设增长中的无序与失衡，必须要求在建设之初即通过"自上而下"的规划设计，从整体到局部对自然资源利用及空间形态塑造等均进行统筹安排。城市景观规划设计师由此被视为"技术专家"，长期担当建设增长中"运筹帷幄者"的角色，通常以"精英主义"的心态，遵循美学和科学方面的原则，依托政府和公共部门颁布一系列强制执行的法令、规范和蓝图，自上而下地对各类景观资源利用、要素的布局进行强力控制和引导，力图实现高效、宏伟、秩序井然、结构清晰的空间格局。

然而在当代社会环境中，城市作为新时代文明持续发展的引擎，其"发展"与"增长"的观念不再紧密相关。这种"存量、内涵式发展"的实质，是期望通过内部资源利用方式和空间环境的调整，降低各类自然资源的使用成本，促进更频繁的人际交互和思想碰撞过程，从而生成持续发展的新动力，并注重居住环境品质的提升。

因此，在新的时代，面对新的机遇与挑战，无论在发达国家还是发展中国家，城市景观营造所面临的问题大多不再与建设增长相关联，更主要的是来自因社会多元分化带来的各类社会群体需求和资源分配的矛盾，较为典型的包括：城市公共服务设施的数量、类别和区位无法满足居民的需求；城市的生活消费对自然环境造成不可逆的破坏；多元文化的高度混杂导致社区凝聚力、场所感的模糊与边缘场所空间的增加等。中国作为当前世界城市发展变革最为剧烈的地区，上述诸多矛盾的激化已十分显著，如果长期存在，将严重威胁到城市生长体系的可持续性，最终使城市丧失应有的吸引力和竞争力。毫无疑问，中国城市已经步入城市景观资源和格局以"存量"调整为主流的时代，对城市景观规划设计师角色和技能的转型的讨论，不应再囿于"是否应当"，而应更多关注于"如何实现"。

在城市存量更新的背景下，城市景观规划设计师势必将更为深度地融入，而不再仅仅是预测和遥控城市社会经济和人文系统的运转方式。在实践过程中，城市景观规划设计师的角色往往是更为综合性的：在研判城市问题的矛盾焦点时，他们是出色的倾听者和观察员；在组织各方谈判协商的过程中，他们是公正的利益协调人及创造性解决方案的提出者；在激发社会存量资源及推动对策执行的过程中，他们是良好的说服者（钱云，2016）。

案例1-6 北京海淀区学院路"城事设计节"参与式城市景观更新探索

北京海淀区学院路地区由始建于1952年的"八大学院"校区发展而来，8.49km²的土地上拥有6所"211"高校、10所国家级科研院所和数十家高新技术企业，是高水平创新人才集聚的城市建成区。为了进一步深入挖掘文化科技融合新动力，推动城市精细化管理，搭建社会力量广泛协作的平台，激发地区资源聚集和互动，着力提升城市公共景观环境，提升居民幸福感和获得感，学院路街道办事处以及位于该街道的北京林业大学、北京科技大学、北京语言大学和北京清华同衡规划设计研究院责任规划师团队等，在2018年共同发起了"城事设计节"系列活动，旨在挖掘地区公共空间短板，针对居民需求，用"针灸学"理念提升潜力显著的公共空间，包括街角绿地、背街小巷、城市家具等，推动深度设计、在地设计、融入当地社区居民的参与式设计。具体活动包括辖区内高校师生、社区居民、责任规划师、街道负责人以及相关专家团队等共同参与的骑行调研、联合答疑、思想者沙龙等活动，并将部分优秀作品纳入了实施计划。除此之外，主办方组织多次联合工作坊，邀请街道热心居民共同完成了多个主题手绘地图的制作，并针对街道环境提升、公共绿地改造、背街小巷整治等提出了诸多改进方案，并逐一落地实施（图1-24）。二里庄斜街墙绘作为其中的优秀方案代表，在经历了多次公众参与并完善实施方案后，率先投入使用，为周边社区居民提供了良好的休憩空间；与此同时，这里也成为了社区营造的起点和根据地，通过对斜街不断的再创造，营造了良好的社区氛围。这既促进了城市管理向社区治理、街区规划向社区营造延伸的过程，也成了"自下而上"参与式城市景观更新提升中一个有影响力的案例（图1-25）。

图1-24 北京市海淀区学院路街道"城事设计节"参与式设计交流和实施过程
（引自北京清华同衡规划设计研究院）

图1-25 北京市海淀区学院路街道"城事设计节"的宣传口号

（引自北京清华同衡规划设计研究院）

总之，新时代城市景观规划专业从业者迫切需要掌握一系列曾经被长期忽略的职业技能，主要包括：

①在纷繁复杂的现状困境中开展有效调查的能力。

②厘清利益分歧各方的诉求，识别矛盾关键所在的分析能力。

③面对利益分歧保持开放态度并提出有建设性提议的能力。

④有妥协和解决问题的意愿、耐心和恒心等。

当然，这并不意味着忽视既往城市景观规划设计师所掌握的关于城市发展各种客观规律的理论知识。事实上，在生态网络构建和修补、公共环境营造、城市公共设施完善等新时代城市发展所着重关注的方面，既往积累的专业技术依然无法替代。在新的时代，要打破依赖简单的"自上而下"控制这一固有模式，通过沟通、协调以及包容使得更多民众与团体都积极参与和融入城市景观规划设计过程中，确保相关技术策略更为现实并易于推动。总之，作为新时代城市景观规划设计人才，我们需要依托既往的实践积累，秉持批判的态度，直面更加复杂与矛盾的城市问题，以更丰富的手段坚持规划设计的理想初心。

思考题

1. 可持续发展理念将如何影响当代城市景观规划设计的目标和方法？

2. 对比探索不同文化背景下，中西方城市景观规划设计的发展历程主要有哪些差别？

3. 面对新时代的机遇与挑战，城市景观规划专业从业者理论与实践方面的探索有何转变？

4. 新时代城市景观规划专业从业者应如何训练需要掌握的新技能？

拓展阅读

[1] 联合国.改变我们的世界——2030年可持续行动议程.https://www.undp.org.

[2] 中国人居史.2014.吴良镛.中国建筑工业出版社.

[3] 中国城市规划史纲.2005.汪德华.东南大学出版社.

[4] 城市设计（第三版）.2011.王建国.东南大学出版社.

[5] 中国古代空间文化溯源（修订版）.2016.张杰.清华大学出版社.

[6] 景观笔记：自然·文化·设计.2019.王向荣.生活·读书·新知三联书店.

[7] 存量规划时代城市规划师的角色与技能——两个海外案例的启示.钱云.国际城市规划,2016（4）:79-83.

第2章

城市景观规划设计溯源与发展

自然和社会都是发展的，因此要"继往开来，与时俱进"。文化要传承发展，研今必习古，无古不成今。今古是相对的，历史长河却永远流淌。

——孟兆祯

本章旨在概述城市景观规划设计思想及实践的历史发展进程，扼要地表述影响其发展的外部和内部原因，内容涵盖以下几个方面：在西方，工业革命以前，城市景观规划设计经历了多种营造思想的主导；工业革命以后，土地高效利用和城市功能分区成了核心任务；第二次世界大战以后，以聚焦城市生活质量提升和自然环境可持续发展为目标，城市景观规划设计任务更加复杂，开始综合考虑实施、管理以及更新的全过程，逐步涉及社会、经济、生态、文化等多个交叉领域。在中国，城市景观的营造在近代以前一直遵循着"遵循礼制"与"融入山水"并重的独特发展轨迹，其影响也一直延续至今。

通过本章的学习，深刻理解任何一种城市景观形态和规划设计思想，都是一定历史时期内的社会生产生活、文化思潮共同影响下所做出的具体选择，进而能够融会贯通，能以史为鉴，在面对现实问题时能以更宽广的视野，制定更有远见也兼具现实性的目标和策略。

2.1 西方古代城市景观规划设计（前工业革命时代）

2.1.1 城市的诞生

城市的诞生源于先民们在严酷的自然环境中不断的探索与追求。人类社会的第一次大分工分离了农业和畜牧业，由于农业需要定居才能实现耕种和收获，于是固定且长期的居住形式——村落出现了。第二次大分工是农业与手工业的分离，奢侈品和劳动工具的生产需要一定的空间和人才，于是出现了与村落结构不同的、类似作坊的居住形态。第三次大分工分离了手工业与商业，商人和手工业者可以不再依赖土地，于是产生了具有加工和交易功能的固定居民点——城市。一般认为世界上第一批城市诞生于尼罗河中下游、两河流域、印度河流域和黄河、长江中下游等冲积平原地区。这些地区气候温和、土壤肥沃、水源丰沛，为城市的生长和发展提供了良好的环境条件（刘易斯·芒福德，2005）。

城市在产生之初，其布局主要考量两个方面：一方面，满足各种现实生活的需要，实现不同阶层者的居住需求，而这一时期决定城市布局的边界常常依靠"沟""墙"或者自然的山崖、河流等来划定；另一方面，公众集聚活动的需要和宗教精神追求也是城市形成中重要的动力。远古人类将不能理解的自然现象归因于神的力量，因此常建设一系列尺度宏大的建筑和场所，用于承载纪念性活动以催生精神文化的长期延续。

2.1.2　古希腊时期的城市

早期的希腊城市大多是自发集聚形成的，布局上不追求平整对称，而是在满足日常生活的同时，顺应自然地形、创造多变的城市景观。城市空间整体上一般以圣地或庙宇统率全局。雅典作为古希腊最重要、最强大的城邦之一，其城市布局顺应自然，呈不规则形态，没有明确的轴线关系。雅典卫城位于城市中心的山顶上，集中布置圣地建筑群，建筑布局自由活泼，配合地形的变化，既考虑从四周仰望时的景观效果，又兼顾置身于其中时的视觉效果。卫城西北侧的广场也是重要的城市景观要素之一，由市场演变而来，随着其周围敞廊及其他公共建筑陆续建成，广场综合了更多重要的城市功能，逐渐成为城市中最具活力的中心（图2-1）。

随着古希腊美学观念的逐步确立以及自然科学、理性思维发展的影响，哲学家们开始思考以理性和秩序规划城市。公元前5世纪，在希波丹姆斯城市规划建设中，提出了一种具有强烈人工建设痕迹的城市营造模式——希波丹姆斯模式，以高度几何化的棋盘式路网构成城市景观骨架。其典型布局为两条穿过城市中心的垂直大街，两侧规整地布置着城市中心广场、公共建筑区、宗教区和商业区，城市居民区则用更密集的方格网划分为许多整齐的街坊。米利都城（Miletus）是这一规划模式的典型代表（图2-2）。

希波丹姆斯模式对后世的城市景观规划设计思想产生了深刻的影响。这种几何化、程序化的设计手法满足了希腊文明后期（希腊化时期）大规模殖民城市的建设要求，确立了一种更简化、便于快速复制的城市理想秩序，但同时也使城市从灵活的"杂乱"走向呆板，影响城市活力与进一步发展。

图2-1　雅典城市总平面图（根据Google地图改绘）

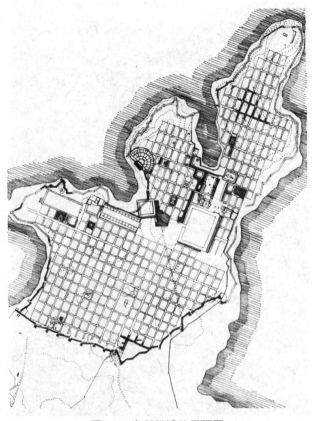

图2-2 米利都城总平面图

2.1.3 古罗马时期的城市

古罗马时期，随着国家财富不断积累，统治版图不断扩张，高度集权化的统治促使古罗马逐步从共和制转向帝制。这一转变影响了古罗马人的社会价值体系，享乐心理不断膨胀。具体而言，一方面，统治阶级将财富挥霍到奢华、腐朽的物质生活领域；另一方面，普通市民也开始沉溺于庸俗享乐的生活之中，这些都导致了古罗马人精神世界的日益世俗化。

因此，古罗马时期城市景观相应地表现出世俗化、军事化、君权化的特征，城市中出现了大量的公共浴池、斗兽场、剧场等供市民享乐的公共建筑，其规模恢弘、极尽奢华，远远超过实际使用需求。同时，为了满足军事防御功能，城市中开辟了大量整齐、宽阔的道路以便灵活调动军队，军事功能极强的"营寨城"大量出现。从整体上来看，古罗马帝国建立后，城市成为统治者炫耀国力与歌功颂德的重要工具，而其中大规模出现的纪念性空间占据着城市中心与重要节点，通过整齐的开敞空间与轴线系统建立城市秩序，着力展现王权至上的等级感。

古罗马城市景观设计的最大贡献是城市开敞空间的创造与城市秩序的建立。城市中的开敞空间整齐、典雅、规模巨大，轴线系统串联起城市空间序列，并通过对比和透视等手法强化空间的秩序感和纪念性。建筑不再突出单体形象，而是从属于广场空间，并与周边建筑综合考虑，这使得不同时期的建筑之间也可以形成某种内在秩序，将原本孤立的各类空间联系起来。

古罗马城市景观规划设计手法在罗马城市中心体现得淋漓尽致。古罗马城由著名的罗马七丘组成。其中，在"七丘之心"的帕拉丢姆建设有著名的罗马共和广场群和帝国广场群。早期的广场群仍具有希腊化时期城市广场的特征，其四周有公共集会厅堂（巴西利卡）、庙宇、市场和成排的柱廊（图2-3）。罗马帝国时期，城市广场逐渐演变成帝王们为个人树碑立传，并象征国家威严的场所。广场形式逐渐由开敞变为封闭，由自由转为严整，连续的柱廊、巨大的建筑、规整的平面、强烈的视觉感受，构筑起华丽、雄伟、明朗、有序的城市空间（洪亮平，2002）。

2.1.4 中世纪的城市

公元476年罗马帝国覆灭，欧洲进入了长达1000年的"黑暗的中世纪"。由于战争的破坏、生产力的衰退，社会经济结构发生改变，基督教势

图2-3 古罗马城市中心广场现存遗址（李梦一欣摄影）

力全面控制了人们的物质与精神生活，城市文明发展缓慢。直至公元10世纪后，随着生产力和手工业技术的提升，商道逐步畅通，海上贸易兴起，处于交通要道和沿海地区的城市迅速发展，如威尼斯、热那亚、佛罗伦萨、巴黎、伦敦等。商人和手工业者阶层的经济实力日益增强，开始帮助城市脱离教会和封建领主的控制。12世纪，西欧许多城市通过各种形式的斗争获得了城市自治，以手工业者、商人和银行家为主体的市民阶级正式登上了城市的历史舞台。市民阶层的兴起创造了一种新的城市文化，代表了更多数市民的公共利益和价值观，逐步在社会生活中建立了一套相对强调公平的游戏规则。

中世纪城市被称为"如画的城镇"，独有一种亲切、安详的特质，整体呈现出和谐统一的有机形态，平面形态自由却有很强的内在秩序感，同时不同城市又有各自特色。一般认为，中世纪的城市景观形态是自发形成的，其有机秩序客观反映了当时城市社会生活的高度有序化，即与基督教所建立起的社会秩序密不可分。城市按照由大到小的层次结构划分为若干主教区和小教区，每个教区相对独立，各有一个或几个教堂。教堂凭借着其庞大的体量和制高点，控制着城市的整体布局，并在立面上形成优美的天际线。围合感较强的广场与教堂相连，共同作为城市的公共活动中心；市场通常设置在教堂附近；道路多以教堂广场为中心向周边辐射，并逐渐在整个城市中形成曲折的网状道路系统。

中世纪城市景观善于利用自然环境中的地形、水体等特质要素，并采用依从、延伸、强调和对比等多种手法，使两者相互依存，相得益彰（图2-4）。中世纪城市规模较小，尺度亲切宜人，具有良好的视觉连续性。城市空间通常按照步行尺度设计，建筑物的造型与细部处理考虑人的视觉感受；街道狭窄弯曲，避免了街道狭长而单调的街景；街道空间的收放变化及窄街道与大广场的结合，具有戏剧化的视觉变化效果。同时，由于地域文化风格的差异，每个城市都有自己的主色调，如意大利红色的锡耶纳和黑白色的热那亚、五彩的佛罗伦萨、灰色的法国巴黎等。

图2-4　典型中世纪城镇景观——法国昂特勒沃（Entrevaux）（李梦一欣摄影）

其中，意大利的威尼斯和佛罗伦萨成为当时中世纪城市中最典型的代表。威尼斯是意大利东北部的水上城市，也是当时沟通东西方贸易的主要港口。威尼斯水网纵横，格兰德大河从城中弯曲而过，形成以舟代车的水上交通。全城有100多个岛屿，通过约400座各具特色的桥连接；每个小岛实行自治，岛中心建有广场和教堂，四周为住宅和商铺；沿河布满码头、仓库、客栈和富商的豪华住宅。城市建筑群造型活泼、色彩艳丽，构成了世界上最美丽的水上街景（图2-5）。

佛罗伦萨是当时意大利纺织业和银行业比较发达的经济中心。最初城市平面为长方形，路网较规则；后来成为自由布局。佛罗伦萨以市中心西格诺利亚广场著称于世，这是意大利最富有情趣的广场之一。广场上设市政厅，塔楼高95m，作为城市的标志（图2-6）。

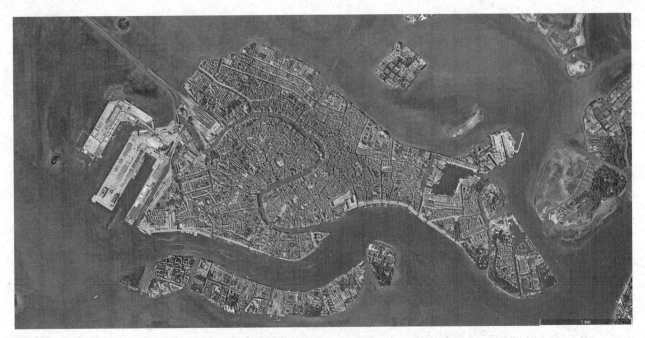

图2-5　威尼斯城市平面图（引自www.google.cn/maps）

图2-6　佛罗伦萨城市鸟瞰（李梦一欣摄影）

2.1.5　文艺复兴时期的城市

　　文艺复兴是资产阶级为动摇封建统治和确立自己的社会地位而掀起的一场思想解放运动。它借用了"复兴古典主义——古希腊、古罗马"复兴的外衣，事实上产生了一种新的文化，即为资本主义建立统治地位制造舆论。文艺复兴时期的思想集中体现为唯物主义、科学、理性和人文主义，而人文主义又是其中的核心思想基础。它提倡人性、人权、人道，反对禁欲主义、蒙昧主义，提倡科学、理性，主张个性解放。对人的崇拜进而引申出人们对自然、宇宙的普遍热爱以及对"美"和"宇宙秩序"的追求，复辟了古希腊时期的古典唯美哲学。

文艺复兴涉及文学、艺术、宗教、科学和哲学等各个方面。在城市景观规划设计领域，通过建筑师和人文学者、哲学家、音乐家以及艺术家的紧密结合，城市景观设计成为一种深刻而高雅的文艺构思，追求"美"与"秩序"；同时，科学、理性的设计理论开始有所发展，尤其是15世纪透视法的发现，进一步提升了人们对城市景观空间概念的认知和理解水平。因此，文艺复兴时期的城市景观规划设计比以往更具科学性与理性，也更重视实现人的艺术构思与创造力。

15世纪后随着新兴资产阶级的成长，欧洲城市空间布局中教会、宫殿等传统主体元素的地位开始下降，而显示资产阶级富有和地位的府邸、市政机关、行会大厦等豪华、气派的新建筑逐步占据城市的中心位置，同时城市中各种满足世俗生活、学习等需求的场所也逐渐增多。并且，文艺复兴时期的艺术家们认识到，伟大的作品都是在经历时间长河的洗礼后由集体完成的，并且是不同时代、不同风格相互协调的结果，因此城市景观设计要尊崇"后继者原则"，即后继者决定先行者的创造是湮灭还是流传下去。另外，文艺复兴作为一个历史的转折期，集团之间的斗争十分普遍，城市景观规划设计也常成为展示政治实力的一种工具，被多个权力集团利用和掌握。由此，自上而下的城市景观规划设计实践逐渐成为主流。

文艺复兴的艺术成就还突出体现在城市改建中，一系列的城市改建体现了高雅与精英主义思想，并从始至终地遵循"后继者原则"（简·雅各布斯，2012）。

教皇西斯塔五世时期的罗马规划可以看作是文艺复兴时期城市景观改建设计的典型。它提出了全城性结构设计的新概念，并意识到完整的城市街道系统和视觉（或视廊）系统对城市改建有着决定性的作用。因此，它用方尖碑和具有标志性的纪念性建筑确定城市中的关键性地标，然后用宽阔的街道相互联系，构成整座城市的骨架。其设计出发点为：街道不仅连接城市的一些中心地区，而且在视觉上应得到进一步加强。方尖碑的作用如同是整个城市的路标，并为以后的设计提供参考尺度。

罗马市政广场（Campidoglio）建筑群是米开朗基罗的精美作品之一，这个设计为以后的城市景观改建提供了榜样。市政广场原是在一个小山顶上的两座略呈锐角的建筑，教皇保罗三世在两幢建筑间的空地上布置了一座骑马人雕像，要求米开朗基罗使这雕像的背景相对完善并加以装饰。最终，米开朗基罗重建了雕像背后三层高的元老院，使之形成一个梯状的封闭广场，并用一个坚实而朴素的基座将元老院高高抬起，作为广场空间的统率；同时，用二层高的巨大壁柱与两侧原有的建筑取得形式上的统一并形成装饰。该广场的一个独特之处是在梯形广场的正面设计了一个逐步向上放大的大台阶，由此，利用台阶产生了缩短距离的错觉，同时为广场上两幢不平行、向后分开的建筑创造了比较深远的视觉效果，使骑马铜像更加突出（图2-7）。

2.1.6 绝对君权时期的城市

文艺复兴运动抨击了神权，释放了西欧诸多国家久被压抑的君主王权。同时，资本主义的增长也迫切需要一个稳定的国内环境和统一的市场。于是，国王与资产阶级暂时联合起来，在16~19世纪中叶建立起一批中央集权的绝对君权国家，尤其以法国的绝对君权最为鼎盛。

国王的政治权力与新兴资产阶级雄厚的经济实力在绝对君权时期相结合，使这一时期的城市景观规划设计在崇尚控制自然、改造自然的"唯理主义"的基础上，进一步强化了创造明确秩序感的"古典主义"思想，并在法国等绝对君权国家达到了令人叹为观止的规模与气势。上述思想最初源于法国古典主义园林的营造，随后法国古典园林中规整、平直的道路系统和圆形交叉点的美学潜力被移植到城市总体空间景观规划设计中，并得到了君主们的竭力支持。对抽象的对称和协调的追求，对艺术作品的纯粹几何结构和数学关系的寻求，对轴线和主从关系的强调，以及对至高无上的君主的颂扬，成了这一时期城市景观规划设计实践中最突出的主题。

图2-7 改建后的罗马市政广场（吴丹子摄影）

2.1.6.1 古典主义设计案例——凡尔赛宫

凡尔赛宫是路易十四时期法国古典主义城市景观规划设计的巅峰之作。法国造园大师勒·诺特尔将星形规划和规则的几何图案应用于凡尔赛宫和其花园设计中，并首次将宫殿、花园、城镇以及周围的自然风景纳入一个巨大的轴线景观体系中。

在凡尔赛宫的具体设计中，勒·诺特尔以路易十四的卧床为中心发散出3条轴线，形成控制整个景观的主要道路骨架，按此修建的3条放射形林荫大道分别通向巴黎城区和国王的另外两处行宫，中央轴线则穿过宫殿贯穿整个花园。凡尔赛宫的花园布置同样概念清晰而突出，有明确的中心、次中心以及向四处发散的放射形路网，整个

园林及周围的环境都被置于一个无边无际、由放射性的路径和节点所组成的系统网络之中（图2-8）。

凡尔赛宫的设计对欧洲各国的城市景观规划设计产生了深远的影响。首先是巴黎，从凡尔赛宫向城市延伸出的3条放射状大道，在观感上使凡尔赛宫有如是整个巴黎乃至是法国的中心；通过凡尔赛宫前一条长达3km的中轴线、对称的平面、巨大的水渠、列树装饰等造成无限深远的透视，建立起一个从郊外宫殿到整座城市的充满秩序、宏伟之感而又错综复杂的空间体系（图2-9）；在城市里则通过旺多姆广场、协和广场等构筑起多条次轴线，并不断向城市各处延伸。此外，它所确立的由纪念性地标、广场和景观大道所构成的星形规划，在此后几个世纪风行欧美，也成为后来许多殖民地国家城市景观布局的样板（图2-10）。

图2-8　凡尔赛宫总平面图（引自www.google.cn/maps）

图2-9　凡尔赛宫轴线（李梦一欣摄影）

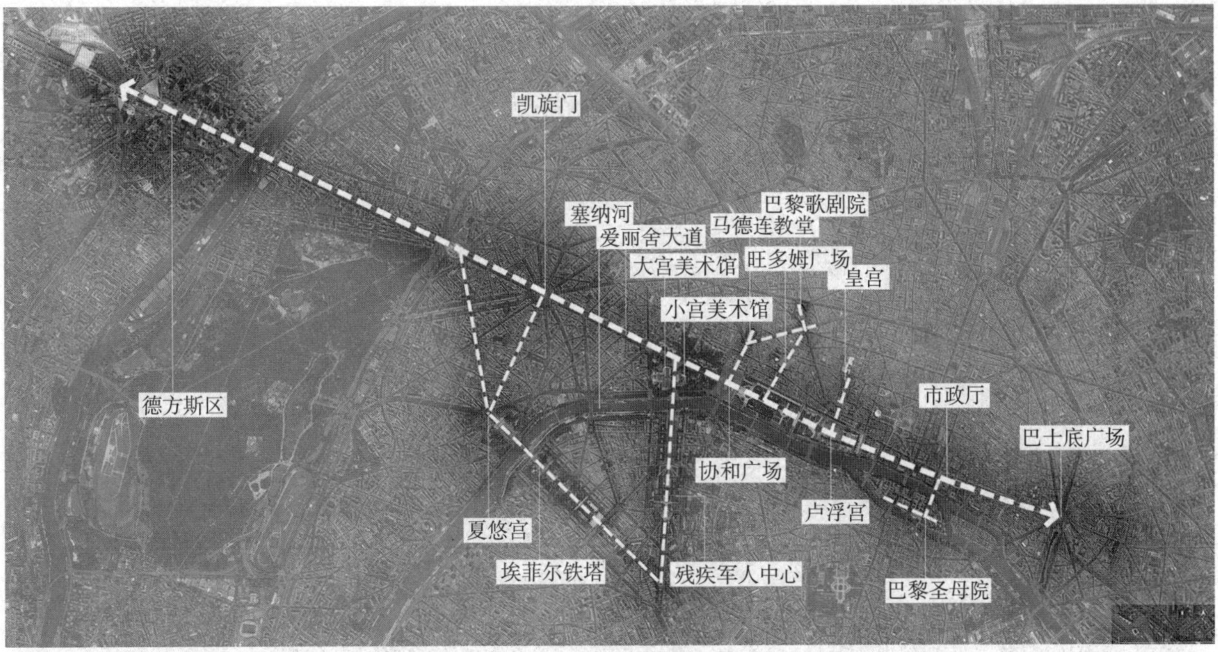

凯旋门

塞纳河
爱丽舍大道
大宫美术馆
小宫美术馆

巴黎歌剧院
马德连教堂
旺多姆广场
皇宫

德方斯区

市政厅

巴士底广场

协和广场

卢浮宫

夏悠宫

埃菲尔铁塔

残疾军人中心

巴黎圣母院

图2-10 巴黎城市主轴线体系（根据Google地图改绘）

2.1.6.2 古典主义设计思想的影响
——巴黎改建

1852—1870 年拿破仑三世执政，委任奥斯曼（Haussmann）主持当时欧洲规模最大的巴黎城市改建工作。奥斯曼主要完成了三方面工作：一是重整巴黎城市街道系统，将巴洛克式林荫大道与城市其他街道连成统一的道路体系，尤其是延伸了爱丽舍田园大道作为巴黎的东西向主轴，开拓一条与之垂直的南北干道，形成巴黎的"大十字"骨架，并将林荫大道和城市街道延伸到郊区，形成两圈环路；二是进一步完善城市中心区改建，在继承 19 世纪初风格的基础上，将城市道路、广场、绿地、水面、林荫道和大型纪念性建筑物组成一个完整的统一体，并对道路宽度与道路两旁建筑物的高度规定了明确的比例，以形成协调统一的立面；三是新建了巴黎的主要城市基础设施，如自来水管网、排水沟渠、煤气照明和行驶马车的公共交通网等。此外，此次巴黎改建的一个突出之处就是十分重视绿化建设，全市各区都修建了大面积的公园，在城市主轴线的东西两侧新建了布

洛尼和维赛娜两座大森林公园，建设了塞纳河沿岸滨河绿地和宽阔的花园式林荫大道（图 2-11）。

绝对君权时期的古典主义城市景观规划设计思想对当时的西方各国都产生了深远的影响。至今我们仍可以在西方乃至世界各地的城市景观规划设计实践中发现这种思想的痕迹。

2.2 西方近代城市景观规划设计（工业时代）

18 世纪下半叶起开始的工业革命为西方社会的生产和生活带来了前所未有的巨大变化。机器大生产对于劳动力的需求引发了人类历史上最大规模的人口迁移，人们怀着对美好生活的向往纷纷从农村涌入城市，城市的规模和数量都急剧增长。城市从此真正成为经济生产与人类生活的中心与重心，布局结构也产生了根本性的改变。城市中出现了大量工业厂房及仓库等新的用地类型，电力、下水道、公交系统等各项基础设施开始兴建并不断完善，而火车、汽车、轮船等现代交通工具的产生，又进一步加速了城市扩张的进程，

图2-11 奥斯曼改造后的巴黎城市林荫大道（马琳摄影）

使车站、码头等交通枢纽周围成为新的城市中心。

但是，城市人口膨胀与城镇蔓延生长的速度远远超出了人们的预期与常规手段的驾驭能力，一系列"城市病"随之产生。这一时期西方诸多社会改革家、规划师、建筑师、工程师、生态学家等都针对大城市存在的种种问题进行了研究，力图通过以新的、适应工业时代各种需求的规划设计思想，通过改变其物质景观环境来解决社会问题，缓和尖锐的社会矛盾，重建一个和谐、高效、新型的社会环境。这种思想在之后很长一段时期内主导了西方城市景观规划设计的理论和实践。自19世纪末起， 系列具体的规划设计思想在此基础上涌现出来，并在很大程度上发展为各种成熟的设计思想流派。

2.2.1 人本主义与"田园城市"

人本主义的规划设计思想源自对工业社会和机器大生产时代摧残和毁灭人性的反思，因此他

们把"关注人""陶冶人"作为城市景观营造的核心思想，并和社会改革联系起来。人本主义规划设计思想认为野蛮生长、高度集聚的工业城市是一切罪恶的根源，是反人性的和不人道的，必须加以控制和消灭。因此，理想的城市景观形态应该体现"人性化的空间"以及"对大自然的热爱"，以更协调和均衡的方式实现城市的生长。

英国的埃比尼泽·霍华德（Ebenezer Howard）是现代城市规划史上最具影响的历史性人物。在《明天——一条通向真正变革的和平之路》（后改名为《明日的田园城市》）一书中，他提出建设 种新型"田园城市"的构想。霍华德首先提出了"城乡磁体"（Town-Country Magnet）的概念，认为理想的城市景观环境应该兼有城与乡二者的优点，并使城市生活和乡村生活像磁体那样相互吸引、共同结合，这个城乡结合体称为田园城市。根据这一思想，霍华德建构了一种兼有城、乡二者优点的、中等密度的、城市和绿色空间相互渗

透的田园城市空间模式。这一空间模式具体可分为2个层面：第一个层面是单个田园城市，由一系列同心圆组成，6条放射性大道将城市分为6个相等的部分；第二个层面是群体组合通过控制单个城市的规模，把城市与乡村两种要素统一成一个相互渗透的区域综合体，既是多中心的，同时又作为一个整体在运行（埃比尼泽·霍华德，2010）（图2-12、图2-13）。

为实现这一构想，霍华德提出了一系列全面社会改革的思想，对"田园城市"在性质定位、社会构成、空间形态、运作机制、管理模式等方面都进行了全面的探索，对田园城市的规模、布局、空间结构、公共设施等都做了详细的规定，对城市的收入来源、管理结构等也进行了细致的论述。他的出发点是基于对城乡优缺点的分析以及在此基础上进行的城乡之间"有意义的组合"，他提出了用城乡一体的新社会结构形态来取代城乡分离的旧社会形态。霍华德在英国莱奇沃斯（Letchworth）和韦林（Welwyn）两个地方亲自领导了田园城市思想的实践。这两个新城开发项目在当时都获得了极大成功，在欧洲和世界范围内都产生了极大的影响力。

总的来说，"田园城市"思想力图依托建立新型的、良好的社会经济关系，用"适度疏散"的方法来缓解高密度城市建设对城市环境的压力，提升社会底层的生活环境，以求达到"公平"的目标，使得"城乡协调、均衡发展"，并实现"人类向自然的回归"。"田园城市"对近现代城市形态和管理制度发展均产生了重大影响，初次构建了一种适应工业时代的较完整的城市景观规划设计思想和实践体系。

2.2.2 机械理性与"光明城市"

一些崇尚现代工业社会技术的工程师、建筑师针对现代技术提出了各种其他的改造、建设未来城市的主张，因而称为"机器主义城市"的思想。这种思想认为工业时代庞大的机器由成百上千个零部件组成而没有陷入混乱，其奥妙就在于这些零部件都严格地按照某种"秩序"运行，各司其责、各得其所。那么城市也应该如此，如果城市中各要素依据城市本质要求严格地按一定的规律组织起来，城市就会像一座运转良好的"机器"高效而顺利地运行，城市中的所有问题都将会迎刃而解。

法国的勒·柯布西耶是现代主义建筑和城市设计思潮中狂飙式人物的代表，对于西方建筑与城市规划设计中"机械美学"和"功能主义"思想体系的形成与发展具有决定性的作用。

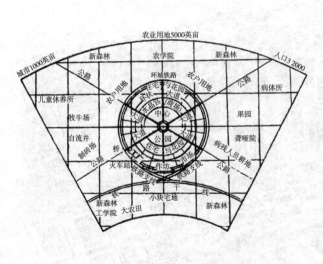

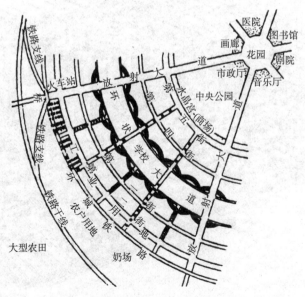

图2-12 城乡一体化的田园城市（埃比尼泽·霍华德，2010）

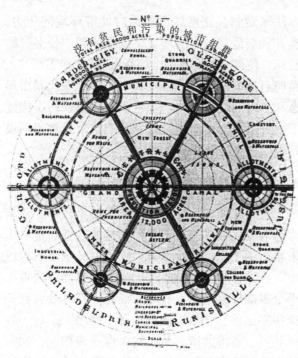

图2-13　田园城市的总平面（埃比尼泽·霍华德，2010）

柯布西耶主张建筑、城市形态的营造要向前看，他否定传统的装饰和含情脉脉的空间美，认为最代表未来的是机械的美，未来世界基本应该

是按照机械原则组织起来的机器时代，房屋只是"居住的机器"。柯布西耶希望利用现代城市景观规划设计来为社会稳定做出贡献（沈玉麟，1989）。

柯布西耶曾在《明日的城市》一书中，以巴黎为原型提出一个理想城市方案，命名为"300万人口的现代城市"，展示了他对现代城市的伟大设想。这个方案也称为"伏瓦生规划"，堪称现代城市规划设计思想的里程碑。这个设计方案位于一处完全平坦的用地上，设计了一个严格对称的网格状道路系统，两条宽阔的高速公路形成城市纵横轴线，它们在城市几何中心地下相交。市中心由24栋摩天楼组成，摩天楼平面呈"十"字形。大楼周边是绿化和商业服务设施，其地下是一个由铁路公路、停车场等组成的复杂交通枢纽。摩天楼的四周规划了大片居民区，由连续板式豪华公寓组成，可容纳60万居民。在板式住宅区外边则是花园式住宅区。此外，在方格网道路系统基础上，柯布西耶又布置了很多相互交叉的放射形道路，为城市各功能区之间及卫星城之间提供最便捷的交通（图2-14）。

柯布西耶在这个方案中最全面地体现了其机

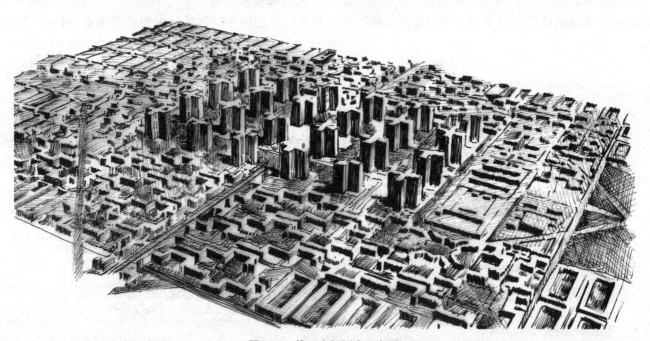

图2-14　伏瓦生规划中心鸟瞰

械理性的思想：

①市中心 24 幢摩天楼是城市的心脏，是办公地点，最重要的技术专家集中在此发号施令，管理整个城市和国家。

②现代道路交通体系。柯布西耶认为，高效便捷的交通和通信是现代城市的生命，因此他设计了一整套现代化的交通和通信系统，包括航空、铁路、高速公路、城市道路、支路、步行街和地下通道等，并考虑了立体交叉和停车场。

③绿化和城市公共空间艺术。柯布西耶考虑到居民八小时以外的闲暇时间的安排，一方面，在市中心绿地中设计了诸多文化服务设施，包括剧场、音乐厅、艺术画廊、咖啡店、餐厅、时装店等；另一方面，他试图将整个城市设计成一座大花园，有大片的公园绿地，所有建筑都坐落在绿树花丛之中（勒·柯布西耶，2011）。

在 1930 年布鲁塞尔国际现代建筑会议上，柯布西耶又提出了"光明城"（Radiant City）规划，进一步表达了其关于理想城市的构想。在光明城里，他延续了其前期城市景观规划设计思想，创造了一座以高层建筑为主的、包括一整套绿色空间和现代化交通系统的城市。建筑的底层架空，全部地面均由行人支配，建筑屋顶设花园，地下通地铁，居住建筑位置处理得当，形成宽敞、开阔的城市空间。

第二次世界大战以后，一大批原帝国主义统治的殖民地纷纷建国独立并迅速开始了城市化、工业化进程。在相当数量的新首都、新首府、新工业城市建设中，柯布西耶的机械理性规划设计思想得到了广泛的采纳，其中较为典型的是印度旁遮普邦新省会昌迪加尔和巴西新首都巴西利亚（图 2-15），其建设均堪称"机械理性"和"光明城市"思想的完美实践。

2.2.3 自然主义与"广亩城市"

美国建筑师赖特（F. L. Wright）是一位自然主义者。他高度重视对自然环境的尊重，反对大城市的集聚与机械的格局，主张努力通过新的技术（小汽车、电话等）使人们回归自然，回归到广袤的土地中去，让道路系统遍布广阔的田野和乡村。基于分散的人类居住单元，可以促使每一个人都能在 10 ～ 20km 范围内选择其生产、消费、自我实现和娱乐的方式。赖特将这种完全分散的、低密度的城市形态称为"广亩城市"（Broadacre City），并认为这是"真正文明的城市"（图 2-16）。

从社会组织方式来看，广亩城市是"个人"的城市，强调居住单元的相互独立；从城市特性来看，广亩城市完全抛弃了传统城市的所有结构特征，强调真正地融入自然乡土环境中，实际上是一种"没有城市的城市"。广亩城市成为后来欧美中产阶级郊区化运动的根源。但是这种以小汽车作为通勤工具来支撑的美国式低密度蔓延、极度分散的城市发展模式，对于大多数国家而言其能源和土地的消耗极大，难以实现良好的维持（彼得·霍尔，2008）。

美国建筑师伊利尔·沙里宁（Elieel Saarinen）随后提出的有机疏散（organic decentration）理论可以说是介于柯布西耶的集中主义和赖特的分散主义两者之间的折中或两种思想的结合。沙里宁认为，城市与自然界的所有生物一样，都是有机的集合体，因此城市建设所遵循的基本原则也应是与此相一致的。由此，他认为"有机秩序的原则是大自然的基本规律，这条原则也应当作为人类建筑的基本原则"。

沙里宁认为不能任由城市自然地集聚成为一大块，而要把城市的人口和工作岗位分散到可供合理发展、远离中心的地域去。他将城市活动划分为日常性活动和偶然性活动，认为"对日常活动进行功能性的集中"和"对这些集中点进行有机的分散"这两种组织方式，是使原先密集城市得以实现有机疏散所必须采用的两种最主要的方法。有机疏散就是把传统大城市那种拥挤成一整块的形态在合适的区域分解成若干个集中单元，并把这些单元组织成为"在活动上相互关联的有功能的集中点"，它们彼此之间将用保护性的绿化地带隔离开来（图 2-17）。

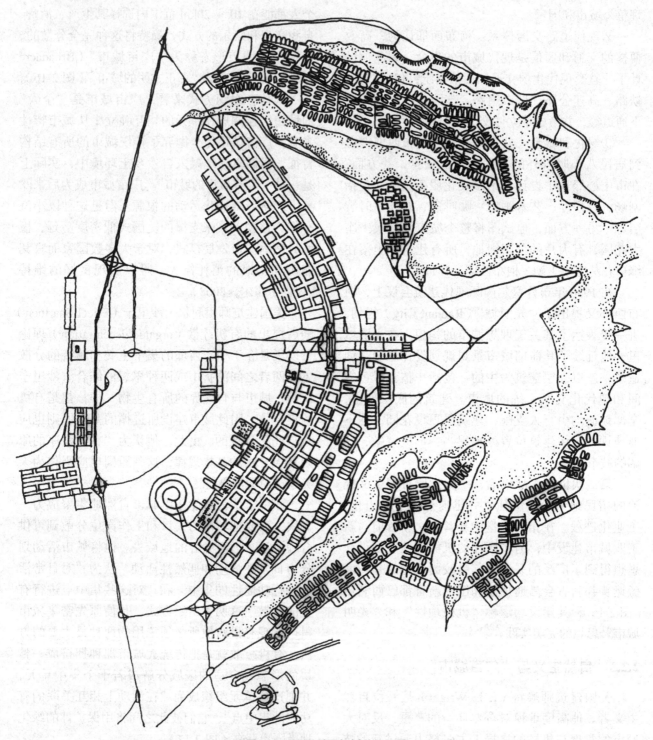

图2-15 巴西利亚规划总平面图

图2-16 赖特的广亩城市（彼得·霍尔，2008）

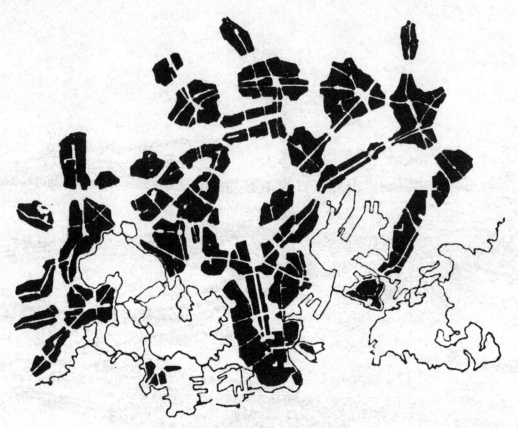

图2-17　沙里宁的有机分散模式

2.2.4　现代主义与《雅典宪章》

1933年，国际现代建筑会议（CIAM）第四次会议在雅典召开，会议的主题是"功能城市"。这次会议对当时城市中普遍存在的问题进行了全面分析，并形成了《雅典宪章》。《雅典宪章》在现代城市规划的发展中起到了重要作用。该宪章由现代建筑运动的主要建筑师制定，集中反映了对现代主义城市发展和城市景观规划设计的基本认识和思想观点。

《雅典宪章》的思想基础是物质空间决定论，认为可以通过控制城市景观空间环境来解决社会、经济、政治问题，促进城市的发展和进步。《雅典宪章》最突出的内容是提出了城市"功能分区"思想，将城市中的诸多活动划分为居住、工作、游憩和交通四大基本类型，其观点和主张主要包括8个方面。

①工业社会中城市的存在、发展及其规划有

赖于所存在的区域（城市规划的区域观）。

②居住、工作、游憩、交通是城市的四大功能。

③居住是城市的首要功能，必须改变不良的现状居住环境，采用现代建筑技术，确保所有居民拥有安全、健康、舒适、方便、宁静的居住环境。

④以工业为主的生产区须依据其特性分门别类地进行布局，与其他城市功能之间避免干扰，且保持便捷的联系。

⑤保护各种城市绿地、开敞空间及风景地带。

⑥依照城市交通（机动车交通）的要求，区分不同功能的道路、确定道路宽度。

⑦改革土地制度、兼顾私人与公共利益。

⑧处理好城市物质空间形态和功能之间的关系，是城市规划者的职责。

从历史的眼光来看，《雅典宪章》提出的功能分区思想是有着极其重要和深远意义的创见：面对当时大多数城市在资本驱动的工业化进程中无计划、无秩序发展过程中出现的问题，尤其是工业和居住混杂所导致的严重卫生问题、交通问题和居住环境问题等，功能分区的方法确实可以起到缓解和改善的作用。此外，从城市景观规划设计思想的发展过程来看，《雅典宪章》所提出的功能分区思想也是一场革命：它依据城市活动对城市土地使用进行划分，对传统的城市景观规划思想（如古典形式主义）和方法进行了重大的改革，突破了过去城市景观营造中追求平面构图与空间效果的形式主义局限，引导现代城市景观规划设计向科学方向发展迈出了重要的一步。

然而，随后数十年发展的事实证明，《雅典宪章》过于强调理性主义思想，并不能完全有效回应现代城市发展中的各种问题。在这种思想影响下的现代城市景观规划设计的方法，将规划设计的目的过分关注于描绘城市未来的终极蓝图，并且期望通过城市建设活动的不断努力而达到理想的空间形态。当时的规划设计师普遍认为，城市发展必须遵循一套良好的"自上而下"的物质景观环境设计理论和方案，经济、社会乃至文化的一系列问题则会随之解决。但是多年后，人们发现这种理想的设计价值观只是设计者本身的良好愿望而已，不能满足城市本质上动态演进发展的需要和人生活于其中的切实需求。所以20世纪60年代末以后，《雅典宪章》的核心思想受到了越来越多的怀疑和批判，并产生了一系列新思想。

2.3 西方现代城市景观规划设计（后工业时代）

20世纪下半叶，西方工业文明逐渐达到顶峰，科技的进步带来了社会的繁荣，但随后也出现了新的危机。第二次世界大战以后出生的一批青年成长起来，在教育水平、知识水平、价值观、对新生事物的喜爱方面都呈现出新的时代特征。在城市景观规划设计领域，人们开始对现代主义进行反思，以功能分区为基础的规划设计思想忽视了城市固有的复杂社会文化因素，在大规模开发

建设过程中破坏了原有的城市文脉与生活秩序，因而遭到了广泛的批判。与此同时，多元化思潮不断涌现，使城市景观规划设计面临进一步的"外延扩展"与"内涵深化"。

2.3.1 雅各布斯的《美国大城市的死与生》

美国的简·雅各布斯（Jane Jacobs）是一位长期进行城市观察和报道的记者。在亲身经历大量实际项目的基础上，雅各布斯逐渐对现代主义的城市景观规划设计思想产生怀疑，尤其是对当时大规模的城市改建项目持批判态度。她注意到这些浩大的工程投入使用后并未给城市经济带来想象中的生机与活力，反而破坏了城市原有的结构和生活秩序。与大规模的城市建设投入相比，她非常赞赏城市中原有街道生活的欢乐与详和。

1961年，雅各布斯的《美国大城市的死与生》一书出版，随即引起广泛的社会关注。她在对现代主义的批判中，主要提出了以下问题："城市的安全从何而来？怎样使城市良性运转？为什么这么多由政府所领导的挽救城市的尝试以失败告终？"由此对现代主义规划设计思想带来了巨大冲击。

在雅各布斯看来，城市是人类聚居的产物，成千上万的人聚集在城市里，而这些人的兴趣、能力、需求、财富，甚至口味都千差万别。因此，"多样性是城市的天性"，城市注定是错综复杂、高度多样和相互支持的，以满足人们的多元需求。对城市景观规划设计而言，更合理的办法应该是对传统空间的综合利用和进行小尺度的、有弹性的改造：保留传统建筑为中小企业提供场所；保持较高的居住密度，从而产生复杂性；增加沿街小店铺以增加街道的活动；减小街区的尺度，从而增加居民的接触等（简·雅各布斯，2005）。

雅各布斯从人们的行为心理出发，关注人与人类社会关系的设计思想，首次使人们认识到城市是属于人的城市。城市景观规划设计不仅是功能的组织及空间环境的创造，而且在规划设计工

作的过程中必须研究人的心理，满足人的各种需求。总之，她开启了从社会学角度研究城市设计的先河。受她的影响，更多学者和专家对城市景观规划设计中的现代主义思想展开了更多的反思与批判。

2.3.2　凯文·林奇的《城市意象》

美国城市规划理论家凯文·林奇（Kevin Lynch）的城市研究是从探求城市形态、结构和组织开始的。他认为城市的美不仅指构图与形式，而是将之分解为人类可感受的城市特征，如易识别的、易记忆的、有秩序的、有特色的等。他对于人们针对环境的感知与认识格外重视，并认为好的城市形式就是这种感知比较强烈的城市形式。

凯文·林奇从市民的认知地图入手，探求城市内在关系的秩序。他调查了美国的3个城市：波士顿、洛杉矶和泽西市，要求市民通过草图和语言来描述城市中的环境特征、城市独特要素或体验。然后他将这些个体的认知地图汇总进行统计分析，得到了城市的"公共意象图"，从而总结出市民能够感知到的、能够反映城市特征的城市要素。

凯文·林奇指出：市民一般用5个元素，即路径、边界、区域、节点和标志物来组织他们的城市意象。

①路径（path）　观察者习惯或可能顺其移动的路线，如街道、小巷、运输线。其他要素常围绕路径布置。

②边界（edge）　指不作为道路或非路的线性要素，"边"常由两面的分界线，如河岸、铁路、围墙所构成。

③区域（district）　中等或较大的地段，这是一种二维的面状空间要素，人对其意识有一种进入"内部"的体验。

④节点（node）　城市中的战略要点，如道路交叉口、方向变换处，或城市结构的转折点、广场，也可大至城市中一个区域的中心。它使人有进入和离开的感觉。

⑤标志物（landmark）　城市中的点状要素，可大可小，是人们体验外部空间的参照物，但不能进入。通常是明确而肯定的具体对象，如山丘、高大建筑物、构筑物等。有时树木、招牌乃至建筑物细部也可视为一种标志（凯文·林奇，2001）。

凯文·林奇从人的环境心理出发，通过人的认知地图和环境意象来分析城市空间形式，强调城市结构和环境的可识别性（legibility）及可意象性（imaginability）。他还认为城市景观规划设计也必须基于市民对城市环境的可识别性，使城市结构清晰、个性突出，而且为不同层次、不同个性的人所共同接受。

2.3.3　生态城市设计思潮

生态城市被认为是未来城市发展的主要方向。在城市景观规划设计领域，生态城市设计思想主要在3个层次上展开。

首先，在城市—区域层次上，生态城市思想强调城市建设对区域、流域甚至更大范围生态系统的影响，在城市营造中应考虑区域、国家，甚至全球生态系统的极限问题。生态城市认为，城市规模和城市发展必须控制在自然生态系统的合理承载能力以下，城市的集聚和布局应充分利用自然地域空间，城市开发应与生物区域相协调，使之不破坏自然生态的完整性，同时应增加城市空间结构的开放度，使城市与区域之间建立合理的物质、能量与信息交流，实现城市与区域的协调发展。

其次，在城市内部层次上，应按照生态原则建立合理的城市结构，扩大自然生态容量，形成城市开放空间。生态城市强调调整城市经济生态结构，提高城市交通、绿地、环保、环卫等基础系统的自组织能力，并制定合理的城市生活标准，采取合理的城市运作方式，鼓励资源的循环利用，维持社会公正。同时，在城市景观规划设计中应充分利用自然生态要素，强化地域环境特征，保持和修复受人工环境侵害的生态系统和自然景观格局，维护生物物种的多样性。

最后，建立具有长期发展和自我调节能力的城市社区是生态城市设计的最基本层次。对此，应树立小规模、集中化的发展策略，鼓励城市土地的高密度利用和混合使用，建设紧凑的、多种多样的、低价方便的、令人愉快和有活力的城市综合社区。鼓励城市公共交通和就近出行，加强社区绿化，提高公众的局部环境意识和生物区域意识。通过对城市旧区的有效综合改造，促进社区通过自身的努力解决经济发展与环境建设中遇到的多种问题，使社区真正成为生态城市建设中具有足够活力的独立层次。

许多学者经过多年的探索、实践，提出了很多关于生态城市设计的具体原则，最有代表性的是加拿大学者 M.Roseland 提出的"生态城市十原则"（Roseland M，1997）。

①修正土地使用方式，创造紧凑、多样、绿色、安全、愉悦和混合功能的城市社区。

②改革交通方式，使其有利于步行、自行车、轨道交通以及其他除汽车以外的交通方式。

③恢复被破坏的城市环境，特别是城市水系。

④创造适当的、可承受的、方便的以及在种族和经济方面混合的住宅区。

⑤提倡社会的公正性，为妇女、少数民族和残疾人创造更好的机会。

⑥促进地方农业、城市绿化和社区园林项目的发展。

⑦促进资源循环，在减少污染和有害废弃物的同时，倡导采用适当技术与资源保护。

⑧通过商业行为支持有益于生态的经济活动，限制污染及垃圾产量，限制使用有害的材料。

⑨在自愿的基础上提倡一种简单的生活方式，限制无节制的消费和物质追求。

⑩通过实际行动与教育，增加人们对地方环境和生物区状况的了解，增强公众对城市生态及可持续发展问题的认识。

20世纪90年代以来，西方国家包括一些发展中国家都积极进行了生态城市规划和建设的实践，生态城市成为当代城市景观规划设计中越发重要的思想领域。

2.3.4 新城市主义

第二次世界大战前后的数十年间，伴随着家用小汽车的普及，美国等国家出现了显著的郊区化进程，低密度、缺少公共空间的居住区蔓延发展持续了近半个世纪。而部分有钱又有文化的"社会精英"们又开始提出他们对于新的理想居住环境的畅想，那就是：重新回到城市之中，享受既有传统城市生活，充满乡村小城情调，又不放弃现代文明享受的新的城市社区。这种新的生活主张与居住时尚得到了急于刺激城市经济发展的开发商们的积极响应，同时，学术界、文化界和大众传媒也顺势而为，于是一种称为"新城市主义"的思潮就此产生。

新城市主义的代表人物是美国的安德雷斯·杜安伊（Andres Duany）与伊丽莎白·普拉特-兹伊贝克（Elizabeth Plater-zyberk）。他们提出的传统邻里区开发（traditional neighborhood development，简称TND）和彼得·卡尔索普（Peter Calthorpe）提出的偏重使用公交的邻里区开发（transit-oriented development，简称TOD）号称是新城市主义设计的两种典型类型（彼得·卡尔索普，2007）。

TND模式强调城市景观规划设计从美国传统乡村城镇设计中吸取灵感，具备以下特征：社区由若干邻里组成，邻里之间由绿化带分隔，每个邻里规模方圆不超过400m，保证大部分家庭到邻里中心广场、公园和公共空间的步行时间在5分钟以内。邻里内有多种类型的住宅和居民，土地使用多样化，住宅的后巷作为邻里间社会活动的场所。社区和邻里内的道路主要采用网格状的街道系统，以便为人们提供多种路径选择，并可降低小汽车的速度，为行人和自行车通行提供方便。

TOD模式强调以公共交通站点为核心，将居住、零售业、办公和公共空间良好地组织在一个范围不超过600m的步行环境中。每个TOD都是组织严密的、土地混合利用的紧凑社区，若干个TOD由轨道交通等公共快速系统组织形成一个合理的区域发展框架，各个TOD之间保留大量的绿化开敞空间（图2-18）。

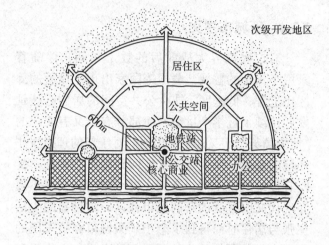

图2-18　典型TOD社区开发模式图解

2.3.5　后现代城市与《马丘比丘宪章》

面对西方社会环境和城市发展的巨大变化，《雅典宪章》所制定的许多规划原则都受到了严峻的挑战与冲击，人们迫切需要重新思考城市规划的主体纲领。1977年国际建筑师协会（UIA）在秘鲁马丘比丘召开了具有重大影响的会议，并制定了著名的《马丘比丘宪章》，这是一个在后现代社会以新的思想方法体系来指导城市规划的纲领性文件。《马丘比丘宪章》强调世界是复杂的，人类一切活动都不是功能主义、理性主义所能覆盖的。但是需要指出的是，《雅典宪章》仍然是指导现代城市规划的重要纲领，它提出的一些原理至今仍然有效。因此，这两个宪章并不是后者完全取代前者的关系，而是后者对前者的一种补充、发展和提升。《马丘比丘宪章》的主要观点如下：

①不要为了追求清楚的功能分区而牺牲城市的有机构成和活力。

②城市交通政策的总体方针应使私人汽车从属于公共运输系统的发展。

③城市规划是一个动态的过程，不仅包括规划的编制，还包括规划的实施，规划应该重视编制与实施的过程。

④规划中要防止照搬照抄不同条件、不同变化背景的解决方案。

⑤城市的个性和特征取决于城市的体型结构和社会特征，一切能说明这种特征的有价值的文物都必须保护，保护必须同城市建设过程结合起来，以使得这些文物具有经济意义和生命力。

⑥宜人生活空间的创造重在内容而不是形式，在人与人的交往中，宽容和谅解的精神是城市生活的首要因素。

⑦不应着眼于孤立的建筑，而是要追求建筑、城市、园林绿化的统一。

⑧科学技术是手段而不是目的，要正确运用。

⑨要使公众参与城市规划的全过程，城市是人民的城市。

2.4　中国传统城市景观规划设计思想与实践

与西方城市相比，中国古代城市景观规划设计思想在数千年的漫长发展历程中保持了良好的延续性，始终没有出现剧烈的转折与突变。中国早期的传统城市景观规划设计思想可以追溯至春秋时期，主要依托两条基本线索展开：其一是以《考工记·营国制度》为代表的"礼制城市"；其二是以《管子》为代表的"自由城"思想。前者更多运用于历代的"都""州""府"营建；后者多体现于乡野市镇与市场发达地区的城市营建。除此之外，具有人文与世俗特色的"山水文化"对中国传统城市景观设计的影响也极大，并渗透其中。无论是"官式"的礼制城市，还是乡野市镇，城市空间与自然山水空间总是相互关照、和谐共融的，缺一不可。由此造就了充满人文气息、地域认同与清晰意象的山水城市格局，如南京、杭州、桂林等城市。

中国古代城市景观规划设计的另一特点是城市建设思想是作为国家与社会制度的内容而被确定下来，更多的是社会政治思想的反映，与科学技术和艺术活动的内涵不同。如《考工记》作为封建时期的城市设计制度，内容包括城市形态、规模、规划结构、路网乃至城市设计意匠和方法等。但城市景观规划设计的基本思路重在体现国家宗法分封政体的基本秩序，是为维护封建礼制、人伦秩序服务的，而对城市居民生活、文化等功能问题考虑甚少。相对而言，《管子》等思想更注重城市本身的选址与功能布局，但其总体思想体系从属于社会人伦、政治、文化范畴，体现出城市建设与社会文化、政治体制的密切关联性。

2.4.1 城市源起

在由氏族社会向奴隶社会过渡的历史阶段，中国就开始出现了具有一定规划格局的"城"的雏形。

迄今已发掘的中国最早城市遗址是良渚古城遗址，约建于公元前3300—前2200年，城址由宫殿区、内城、外城呈向心式三重布局组成，古河道贯穿其间，是中国早期传统城市规划中借助空间布局的序列强调权力地位和社会分级的杰出范例。空间布局上以城址为核心，分等级墓地（含祭坛）分布于城址东北约5km的瑶山以及城址内

的反山、姜家山、文家山、卞家山等台地，城址北面2km至西面11km范围内则分布着外围水利系统。与此同时，城址内外分布着大量各种类型的同期遗存，与城址形成了清晰可辨的"城郊分野"的空间形态（图2-19）。

河南偃师商城是黄河流域发掘最早的城市遗址之一，约建于公元前1600年。城市遗址大致呈长方形，面积约2km²。城中心区建有宫城，布置着规模较大的宫庭建筑群。宫城前后又有2座作为仓廪府库和营房的小城。整座城市以宫城为中心，周围分布若干居住区和手工作坊。全城道路网采用"横纵正交棋盘格"，各干道均与城门相连。城内敷设排水系统。

公元前11世纪的西周，中国进入奴隶社会的鼎盛时期，周人以奴隶社会宗法分封制政治体系为基础，创立了包括城邑建设体制、礼制营建制度、城乡关系以及井田方格网系统在内的《营国制度》。此时"城"主要是作为奴隶主政治统治的据点，经济功能很弱，可以说还不是严格意义

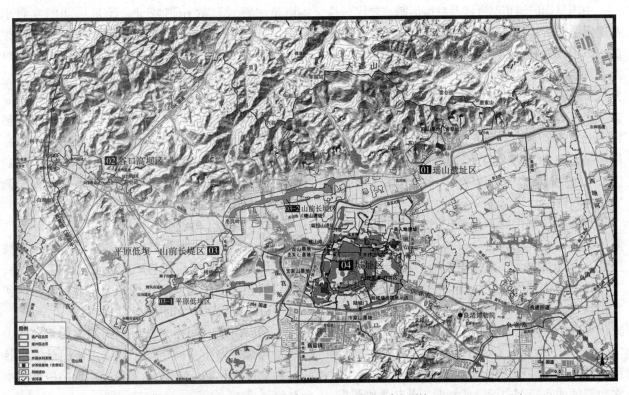

图2-19　良渚古城及外围景观遗址分布图（引自良渚遗址官方网站http://www.lzsite.cn）

上的城市，其设计是按城邦的"国野"规划体制来进行的。建"城"（"国""都"）的同时，应治"野"，所谓"体国经野"，即根据封疆范围，按城的等级规模来规划郊野土地、人民以及各种生产基地，并布置"郊邑"和"城邑"，形成一个以城为核心，有国有野的城邦。城的内部布局一般按不同分区来组织，大致可分为宫廷区、居住区、手工作坊区、仓廪区、陵墓区、宿卫区及市等。由于城的性质是政治控制中心，故其总体布局采取以宫为中心的规划结构，其他分区按各自功能布列在宫的外围。有些城则以宫的中轴线作为全城规划结构的主轴，以强化宫对全局的控制作用。

到前770年（春秋战国时期），封建经济迅速发展，工商业繁荣，城市在社会经济中的地位日益显著，这时才真正出现了具有政治、经济、文化等各种综合功能的城市。

2.4.2 营城思想

2.4.2.1 《周礼·考工记》的"礼制城市"

中国早期的城市制度涉及城市形制、规模、基本规划结构、路网乃至城市景观规划设计意匠和方法等方面。春秋晚期《周礼·考工记》记载："匠人营国，方九里，旁三门。国中九经九纬，经涂九轨，左祖右社，前朝后市，市朝一夫"。其含义为：建筑师建设城市，每边长9里（1里=500m），每边开三门，城内有9条直街（南北向），9条横街（东西向），道路宽度为车轨的9倍，东边为祖庙，西边为社稷堂，朝廷居前，市场位后，市场与宫殿各方百步。

这套城市制度并不是源于新的城市生活的需要，而是由古代农村建邑经验及井田制度移植而来的。作为各级大小奴隶主统治的政治城堡，城市设计的基本思路重在体现国家宗法分封政体的基本秩序，而对有关城市居民、城市生活、城市文化等方面的问题尚未涉及。

《周礼·考工记》对后世都城建设的影响颇为深远，从我国古代一些城市建设的实例来看，大多数都城的布局都遵循这些制度，尤其是唐长安、宋汴梁、元大都和明清北京。

2.4.2.2 《管子》的"自由城"

中国早期真正全面涉及城市问题的当推《管子》的城市设计思想。其内容包括城市分布、城址选择、城市规模、城市形制、城市分区等多个方面。

《管子》的城市设计思想重点体现在因地制宜地确立城市形制，提出城市建设"因天材，就地利，故城廓不必中规矩，道路不必中准绳"，在城市布局上提出按职业组织聚居，"凡仕者近宫，不仕与耕者近门，工贾近市"。同时，其对城市生活的组织及工商经济的发展也相当重视，主张"定民之居，成民之事"，如此等等，从整体上打破了当时营城制度僵死的礼制秩序，从社会生活的实际出发，带来了城市景观规划设计观念的彻底改变，有力地推动了当时城市营造实践的创新（董鉴泓，2004）（图2-20）。

2.4.3 古代的山水城市

从我国许多传统城市设计中可以发现，无论是"官式"的礼制城市，还是民间的乡野市镇，其城市空间总是与城市所处的山水环境相对应而存，并且两者生动和谐地组成一个相对完整、缺一不可的整体空间体系。

中国传统城市中这种普遍的山水意象并非完全是城市选址的结果，而是源于其尊重自然，创造性地利用自然的城市设计观念。其主要手段常通过自然山水空间与城市（或乡镇）形体空间的有机结合来实现，体现了中国传统城市设计协调自然与人工环境的法则与技巧（图2-21）。

（1）环境上的结合

在中国传统山水城市中，城市山水空间与城市形体空间在环境模式与环境特质上具有一致性，即层层相套的结构与明确的围合边界。在具体实践中，两者相互结合的手法有以下几种：

①以山水空间作为城市空间的主构架，以山水格局确定城市空间格局（如以主体山脉或水脉作为城市空间定位结构）。城市结构网络服从山水脉络。

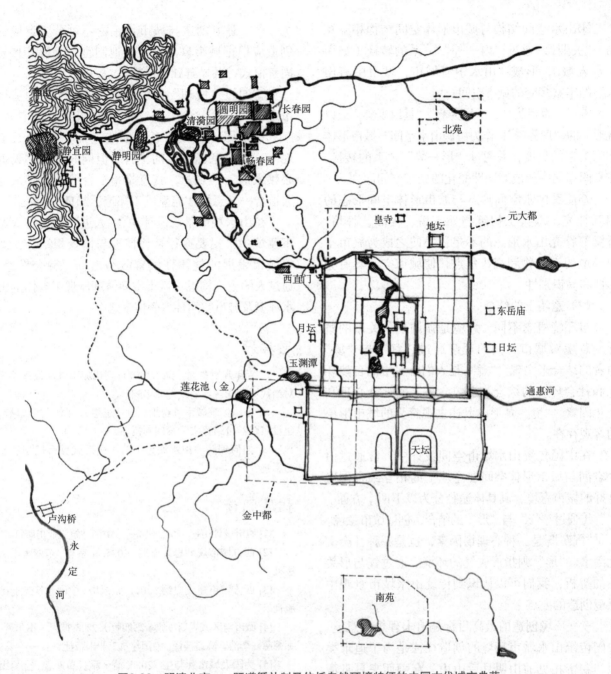

图2-20　明清北京——既遵循礼制又依托自然环境特征的中国古代城市典范

②以山、水等自然要素作为城市构图的基本
要素，山水空间与城市形体空间的关系是"图—
底"关系。通过两者的相互配合，形成城市空间
的主角和配角，从而突出城市空间构图。

③重视城市景观空间设计的虚实配合，通常以
虚的山水空间衬托实的形体空间，并通过虚实相生、
相互转化，赋予城市虚实交融的完整性与变化。

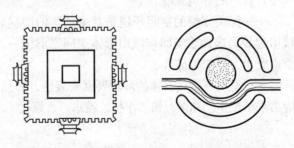

图2-21　城市空间模式与山水空间模式的一致性

④山水空间结构与城市形体空间结构相互穿插、"关照"，通过"内—外"关系的转换（如引山水入城），形成"山水中有城市，城市中有山水"的丰富多变的城市空间。

⑤以"百尺为形，千尺为势""远以观势，近以观形"的"形势说"，作为协调山水空间与城市形体空间关系的尺度，并通过"形—势"关系的转换，在空间布局中形成戏剧性变化的城市空间序列。

⑥注重山水空间形态与城市形体空间形态的相互补充，以人工构筑物如宝塔、楼阁、牌坊、桥梁等补充山水形态的不足，并使之成为城市空间环境的标志物和视线焦点，使城市空间具有完形性和易识别性。

（2）意境上的结合

与环境概念不同，意境是强调景象关系的概念。意境对城市空间的理解通过"意"与"境"两者的结合来实现。"意"是人们心目中的自然环境和社会环境的综合，它包含了人的社会心理和文化因素。"境"是形成上述主观感受的城市形象的客观存在。

在中国传统山水城市空间设计中，常通过山水空间与城市形体空间在意境上的相互结合创造良好的城市意境，其具体途径分为以下两个方面。

①通过"气"与"形"的结合，创造城市意境。

"气"既是一种心理场因素，也是一种社会文化因素。"形"则指形成气的环境。通过气与形关系的辨析，我们可以认识到传统山水城市景观中意境创造的要点：

——环境创造的最高目标是追求理想的意境。中国传统山水城市环境的创造往往是为了追求类似"卷帘相见前山明月后山山，穿牖而来夏日清风冬日日"的环境意境。

——优美完整的空间环境是意境创造的前提。城市建设力求山水空间与城市形体空间完形统一，重点突出，忌松散破碎。

——意境要通过具体的环境要素来表达，并且应力求形象生动和谐，如"小桥、流水、人家"。

——意境创造与城市特色密不可分。意境的创造应根据城市自身特点因地制宜，发展其自身固有模式，各显其独特风貌。

②通过"情理"与"情景"的结合，创造城市意境。

在中国传统城市意境创造过程中，"效天法地"一直是意境创造的主旨。但同时也有"天道必赖人成"的观念，其意是指：自然天道必须与人道合一，意境才能生成（郑曦，2018）。

在山水城市景观设计中，"人道"如何融入城市意境中？主要途径是将情理与情景相结合，即将城市发展的规律性因素领悟透彻、融会贯通，通过人的主观构思将城市空间情理体现于具体的山水环境及城市空间环境的情景之中。

思考题

1. 结合典型案例，剖析西方近现代城市景观设计思想对当代城市景观规划设计的影响。

2. 中国传统城市景观规划设计思想如何指导当代城市建设实践？可结合实际案例剖析。

3. 如何理解"山水城市"对中国现代城市规划思想的影响？

拓展阅读

[1] 城市设计历程 . 2002. 洪亮平 . 中国建筑工业出版社 .

[2] 西方城市规划思想史纲 . 2005. 张京祥 . 东南大学出版社 .

[3] 西方城市建设史纲 . 2011. 张冠增 . 中国建筑工业出版社 .

[4] 城市与区域规划（原著第四版）. 2008. 彼得·霍尔著 . 邹德慈，李浩，陈熳莎译 . 中国建筑工业出版社 .

[5] 美国大城市死与生 . 2005. 简·雅各布斯著 . 金衡山译 . 译林出版社 .

[6] 城市意象 . 2001. 凯文·林奇著 . 方益萍，何晓军译 . 华夏出版社 .

[7] 区域城市：终结蔓延的规划 . 2007. 彼得·卡尔索普 . 中国建筑工业出版社 .

[8] 山水都市化：区域景观系统上的城市 . 2018. 郑曦 . 中国建筑工业出版社 .

第3章

宏观尺度城市景观规划设计方法

我近年来一直在想一个问题：能不能把中国的山水诗词、中国古典园林建筑和中国的山水画融合在一起，把整个城市建成为一座超大型园林，称为"山水城市"。

——钱学森

城市景观特色的塑造是城市景观规划设计的核心问题之一。在世界范围内，城市均出现过由工业化带来的快速建设扩张从而严重改变传统城市景观格局与风貌的现象，使诸多历史城市长期以来所形成的与山水环境融合互动、特色鲜明的城市景观体系趋于解体，城市景观"千城一面"的现象日趋突出。中国城市近30年来也普遍经历了这样的发展阶段。城市景观特色的消退，极大程度导致了城市文化认同感的下降，为城市的可持续更新发展留下了隐患。

因此，在新的时代，对大量已建成和正在快速扩张的城市景观特色进行重新发掘、准确认知和重塑更新的诉求，已成为城市景观规划设计实践中最重要的工作内容之一。鉴于此，本章将重点介绍城市景观特色的认知方法体系以及评价体系，并针对城市景观特色介绍4类塑造方法和相应策略。

3.1 城市景观特色认知与评价

城市景观特色是指一个城市与其他城市在差异性环境背景下所表现出的空间形态特质。形成城市景观特色的核心要素称为城市特色景观空间。

城市特色景观空间大多是城市中最易识别、公共活动最频繁的场所，也是开展多样的城市文化活动最重要的空间载体，往往也承载着人们对一个城市的认同感和集体记忆。

3.1.1 城市景观特色的理论研究

西方早期工业化国家对城市景观特色的相关研究起源较早，已形成了丰富的理论成果和大量有力的研究支撑。其中，奥地利建筑师卡米诺·西特于19世纪末提出城市景观的营造应重视对城市"场所"的营造，还特别提出城市建设应注重城市空间的人性化尺度以及城市肌理的独特性（卡米诺·西特，1990），开创了城市景观特色研究的先河。

随着后工业社会的到来，大部分西方国家进入城市空间存量调整阶段，历史保护、城市设计等方面的理论研究得到快速发展，针对城市景观特色的研究不断深入，并趋于多学科的理性分析。美国著名城市规划理论家、历史学家路易斯·芒福德从人文特色的角度出发，依托空间社会学理论，强调空间对使用者的积极影响，认为影响城市发展建设的根本是民众的需求，同时城市空间也在改造、影响广泛的使用者（刘易斯·芒福德，2005）。

20世纪60年代以来，新理性主义等一大批新思潮兴起。美国城市规划理论家凯文·林奇结合心理学研究提出了城市认知的五要素——路径、边界、区域、节点和标志物（凯文·林奇，2001），将意象研究应用于塑造环境特色的城市实践之中，提出了从公众视角认知城市形态的设计思想。意大利知名建筑师阿尔多·罗西从建筑类型学及"类似性城市"的角度出发，认为城市建筑的类型是随着人类文化发展而逐渐形成的，其形态创作与人类的内心感受及经验联系紧密；城市是公众"集体记忆"的载体，城市的历史与公众感受相互交织（阿尔多·罗西，2006）。此后，美国简·雅各布斯认为城市（景观）设计应充分考虑城市运转的复杂性，在关注物质形态的基础上充分讨论了人的行为特征，并逐步探讨了促进城市空间活力形成的核心要素（简·雅各布斯，2012）。

与西方发达国家的研究相比，中国城市景观特色研究主要集中于两个阶段。

第一个阶段为改革开放前至改革开放初期，中国城市处于扩张发展的初级阶段。城市景观特色研究影响力较大的成果主要来自钱学森在20世纪90年代重新提出的"山水城市"的景观构想，在结合园林、城市和建筑学研究的基础上，依托中国传统文化所提出的中国未来城市景观的发展理念。但这一时期的特色认知多处在理想化的感性理念探讨层面，体系性和科学性尚不完善。

第二个阶段是自21世纪以来，为解决快速发展阶段下的城市建设"千城一面"问题，城市特色研究提到了一个新的高度，在学术领域相继出现了基于不同研究层面的理论性探讨。吴良镛院士在城市特色美方面提出"美玉未发现之前为璞，而贵在识璞"，通过"清理环境""顺理成章"和"突出主题"等手法凸显城市特色（吴良镛，2001）。孟兆祯院士在"山水城市"观点的基础上，提出城市景观规划设计应强调以自然山水为骨架来完善和重塑城市景观新的空间形态（孟兆祯，2012）。其他研究成果中，对城市景观特色及特色景观空间的认知，或不断精细化，或融入多学科交叉的思想，从而越来越强调城市景观特色要素的复杂性、组合结构的重要性，尤其是与"人"相关内容的不可或缺性。

当前研究认为，城市景观特色和城市特色景观空间均是由城市中能够展现独特形象的空间要素构成的，这些要素可大体划分为自然山水特色

要素、历史文化特色要素和城市建设中体现"当时、当地"社会经济发展特征的特色要素。各要素具有层级性，不同层级要素的影响力和特色价值不尽相同。此外，各级各类特色空间具有复合性，如古典园林既是自然山水要素的延伸，又是重要的历史文化要素。各要素间相互影响、综合叠加，以特定的空间分布形式相互联系，使城市特色景观空间具备完整的系统性。因此，对城市景观特色和城市特色景观空间的认知，应既包含对特色要素的识别，又包含对整体结构特色的理解。

3.1.2 城市景观特色影响要素

城市景观特色和城市特色景观空间体系往往是由城市所拥有的自然山水、历史遗迹、时代特征和地域文化等方面的内容共同影响下形成的。

自然山水格局对城市景观特色的决定性影响大多在宏观层面显而易见。例如，杭州的城市建成区主要表现为被钱塘江、西湖和西部群山所半包围（图3-1）；南京的城区则与长江和诸多山系、河湖水系相互分割嵌入（图3-2）；丽江则是城市与周边山体和湖泊紧邻发展、遥相呼应（图3-3）。尽管这些城市的空间尺度不尽相同，但城市与山水环境的关系在宏观格局上都易于识别。

图3-1 杭州城市与山水格局的关系

历史遗迹的存在往往对于城市景观特色的影响也十分显著，根据历史遗迹的规模不同还可具体分为多种情况。以北京为例——明清古都"凸"字形城墙内大量传统街区的遗存，保证了北京传统的横平竖直、中轴对称的格局得以延续；什刹海、雍和宫等传统街区遗迹的整体保存，充分展现了由老北京胡同、民居所构成的传统肌理特征；而天坛、故宫等局部重要历史遗迹的存在，则强化了诸多"点景式"特色景观空间（图3-4）。

每个时代不同的建设方式和审美倾向的影响也存在于不同层面。在整体尺度上，如阿联酋的迪拜，整个城市均因高强度建设、体现当代建筑科技的街区和公共建筑展现出强烈的时代气息（图3-5）；而上海陆家嘴等具有时代特征的片区形象也对城市景观特色产生重要影响（图3-6）；悉尼歌剧院等充分展现个性和创造力的地标性建筑、节点等也毫无疑问是重要的城市特色景观空间（图3-7）。

同时，其他物质性和非物质性的地域文化的存在也常常是形成城市景观特色的重要影响要素。物质性文化的例子如景德镇的陶瓷加工传统技艺，其存在使得诸多城市景观空间可形成承载传统文化的"露天博物馆"；而非物质文化包括泼水节、地方戏曲等，均可使诸多城市景观空间在形态和使用状况上呈现显著的独到特征。

3.1.3 城市景观特色认知方法体系

对城市景观特色的认知，既包含各类城市景观空间要素本身特色的认知，又包含其相互组合结构特色的认知。

根据城市特色景观空间要素的形成方式不同，一般可划分为自然山水、历史文化与具备时代和地域特征的城市建设3类：自然山水类要素包括山体、水体和绿地等；历史文化类要素包括历史风貌区、历史廊道和历史节点等；城市建设相关要素则主要包括以某种明晰的理念统一建设的特色街区、重要建筑、城市界面和广场空间等。尽

图3-2 南京城市与山水格局的关系

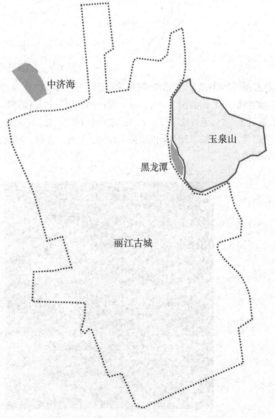

图3-3 丽江城市与山水格局的关系

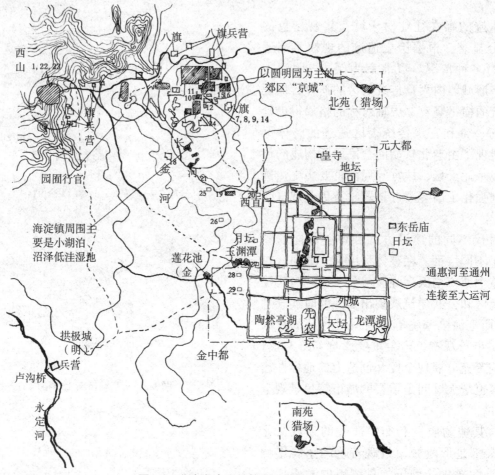

图3-4 北京多个层级的城市特色历史景观

1.静宜园 2.静明园 3.清漪园 4.圆明园 5.长春园 6.绮春园 7.畅春园 8.西花园 9.蔚秀园 10.承泽园 11.翰林花园 12.集贤院 13.淑春园 14.朗润园 15.近春园 16.熙春园 17.自得园 18.泉宗庙 19.乐善园 20.倚虹园 21.万寿寺 22.碧云寺 23.卧佛寺 24.海淀镇 25.紫竹院（行宫） 26.慈寿寺（明） 27.养源斋（钓鱼岛）（金代） 28.白云观 29.天宁寺塔

乾隆时代，北京城市及其周围园林、行宫、军营、寺庙、河流、湖泊、自然山川分布图以西北郊为布局的重点，西北部实际上是另一座园林式都城

图3-5 迪拜城市整体尺度（引自Google Earth）

图3-6 上海陆家嘴片区尺度（引自Google Earth）

图3-7 悉尼歌剧院局部尺度的城市景观特色

（引自Google Earth）

管上述要素一般均以物质空间实体的方式来体现，但其与非物质要素（如文化习俗、城市精神、公共空间使用秩序等）的互动所形成的"场所内涵"也应得到充分的体现。

每一类的特色景观空间要素通常可分为不同的层级，每个层级中各要素的规模、数量、空间

区位和影响力不尽相同，体现出不同的特色景观价值。在实际情况中，相当数量的城市特色景观空间要素普遍具有复合性，即许多特色景观空间要素同时包含了自然、历史和城市建设要素，一般认为这种要素的价值大于其各类要素价值的总和，是最值得关注的特色景观空间要素。

在城市总体层面，各类、各层级的特色景观空间要素以某种特定的空间分布方式相互联系，使整个城市的景观特色得以体系化的表达。由各要素间相互作用所形成的城市整体景观特色价值，并非以各要素的特色价值简单加和来予以体现，而是与各级各类要素的空间分布、相互关联影响所体现的不同结构特色关系紧密（图 3-8）。

3.1.4 城市景观特色评价体系

城市景观特色评价包括城市特色景观空间要素评价及特色结构评价两个层面。

城市特色景观空间要素涉及多方面的内容，可以从诸多角度来进行描述，但总体上，从自然山水、历史遗迹、城市建设 3 个方面即可较好地对大多数城市的特色景观空间进行认知和评价。而对于每个方面要素所在的景观特色价值，则一

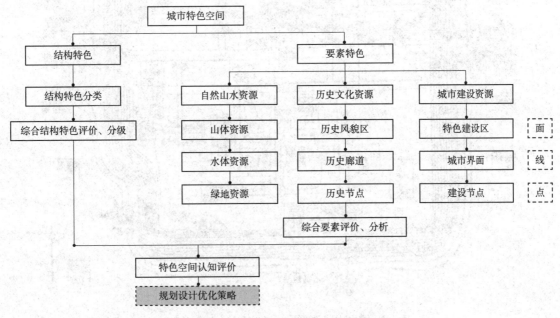

图3-8 城市特色空间认知方法框架

一般可从独特性、根植性、成长性、支撑度和认知度等层面来予以考量。其中，独特性是指对象要素与其他同类要素的差异程度；根植性是指对象要素在城市总体格局发展过程中相互关联的紧密程度；成长性是指对象要素在未来城市格局构建中的可塑性；支撑度是指对象要素在未来城市景观结构中的影响力和重要性；认知度是指普通民众对该对象要素的了解程度。通过广泛调查，综合各方意见，可较为科学理性地形成对各要素景观特色的价值评价，并可据此将各要素划分为标志资源要素、优势资源要素、基本资源要素等各等级。

在特色结构评价方面，主要关注不同等级、类别特色景观空间要素叠加的方式，一般应对标志资源、优势资源、基本资源等不同层面要素之间的空间分布和相互联系特征，分别进行均衡性、完整性、连贯性等方面的分析，深入发掘整体性的优势、缺陷及未来提升的潜力点所在。

3.1.5 城市景观特色认知与评价体系应用——以安徽泗县为例

泗县位于安徽省东北部，地处中原文化与淮扬文化交界地带，历史悠久，文化积淀深厚。当前整个县城建设均围绕泗县古城向外扩展。泗县古城建于清代，整体格局保存较为完整，历史遗迹留存较多。隋唐大运河通济渠故道（现称古汴河）穿过古城，形成了古城的东西向轴线。该段水系保存至今，已被列入世界文化遗产名录。古城内外现存相当数量的历史建筑和公共空间，均围绕运河布置，包括码头、仓库、水关和古桥等，构成了独特的"运河—古城"特色空间体系（图3-9）。

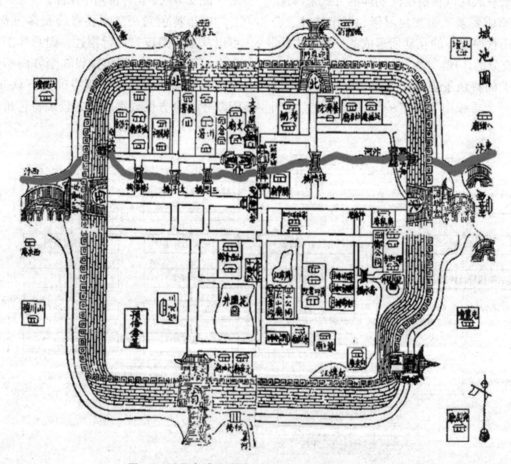

图3-9　泗县古城平面图（〔清〕方瑞兰、监修，2015）

在此基础上，泗县县城现有的"山—水—城"格局清晰。城区水系形成"一环、四河、多沟渠"的空间结构："一环"即围绕老城区由护城河构成的环城河；"四河"指新濉河、新汴河、古汴河和石梁河；县城内还有多条沟渠纵横交错，五条主要沟渠指的是邓沟、黄沟、南柳沟、汴石引河和拖泥沟；泗县古城北侧正对屏山，屏山东矗立蟠龙山，古城南侧遥望长江，营建出了北枕屏山、南襟长淮的大山水格局（图3-10）。

在城市建设方面，城市道路依托历史格局向外发展，形成双环"十"字方格网；依托城市水网及道路，建有城市公园广场及环城绿带。

对泗县城市特色景观的评价基于对其各类特色景观空间要素的普查。对每个特色景观空间，均从独特性、根植性、成长性、支撑度与认知度5个分项进行认知评价。结合专家和市民问卷调查的结果，对各要素的评价在每个方面均分为3个等级（表3-1），再对各分项的分值进行汇总，根据总得分划分为标志资源、优势资源、基本资源3个层级（表3-2）。

由此可见，泗县城市特色景观要素中，标志资源以山水要素与历史要素为主，主要包括古汴河、屏山和护城河等。其中，古汴河泗县段作为世界文化遗产的核心部分，特色价值尤为突出。此外，县城以北的屏山是泗县古城轴线的对景山，护城河水系依旧完整，特色景观价值值均较高（孟兆祯，2012）。

在完成分级评价的基础上，通过对标志资源、优势资源、基本资源各要素进行空间叠加，可以分析出特色景观结构的主要特征与现状问题。具体包括：①现状城市特色总体价值较低，城市特色空间资源以基本资源、优势资源居多，特色要素的质量欠佳，仅有古汴河的各项价值分值较高，其余各标志资源均有明显短板。②标志资源要素过于集中分布在古城和运河沿岸，多数保护现状一般，仅有护城河、石梁河及文庙等有较大的环境提升空间。③特色结构碎片化，特色景观空间要素分布不均匀，标志资源与优势资源联系性不强，大量特色景观空间围绕水体展开，步行可达性不佳。

上述认知评价的过程和结果，在总体层面上为后续开展城市景观规划设计等一系列工作，提供了充足坚实的工作基础。

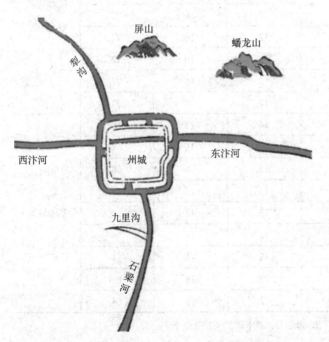

图3-10　泗县"山—水—城"格局示意图

表3-1　城市特色空间要素评分等级

层次	独特性	根植性	成长性	支撑度	认知度
层次1	唯一资源（20分）	根植于古代（20分）	未来可塑性强（20分）	支撑城市骨架结构（20分）	省域范围（20分）
层次2	稀有资源（16分）	根植于近代（16分）	未来可塑性较好（16分）	支撑城市重要结构（16分）	市域范围（16分）
层次3	丰富资源（12分）	根植于现代（12分）	未来可塑性一般（12分）	支撑城市基本结构（12分）	区（县）范围（12分）

表3-2　泗县特色要素评价汇总

评价要素	独特性 （20分）	根植性 （20分）	成长性 （20分）	支撑度 （20分）	认知度 （20分）	分数总和 （100分）	层　级
古汴河（通济渠故道）	20	20	16	20	20	96	
屏　山	12	16	20	20	16	84	标志资源
护城河	16	20	12	16	16	80	
石梁河	12	20	16	16	16	80	
文　庙	16	20	12	16	16	80	
环城路	16	12	12	16	20	76	
泗州广场	12	16	16	12	20	76	
汴河大道	12	16	12	16	20	76	
清水湾公园	16	12	12	12	20	72	
蟠龙山	16	16	16	12	12	72	
释迦寺	12	20	12	12	16	72	优势资源
山西会馆	12	20	12	12	16	72	
文庙商城	16	12	12	12	20	72	
新汴河	12	20	12	12	16	72	
新濉河	20	12	12	12	16	72	
泗州大道	12	16	12	16	12	68	
火车站	12	12	16	12	16	68	
二环路	12	12	12	16	16	68	
泗县一中	12	12	12	16	16	68	
体育馆	16	12	12	12	16	68	基本资源
雪枫公园	12	16	12	12	12	64	
汽车站	12	12	12	12	16	64	
威尼斯水街	12	12	12	12	16	64	
玉兰菜市场	12	12	12	12	16	64	

注：按分数将特色资源划分为标志资源（80分以上）、优势资源（70~80分）、基本资源（70分以下）。

3.2　城市景观特色塑造方法及策略

3.2.1　强化特色自然要素

3.2.1.1　保护修复生态空间

每一个城市所在区位的自然和生态环境特征都是独一无二的，这是每一个城市的景观最为"固有"的特色，但城市建成区内及周边的山体、河流、湖泊、湿地等生态环境本底在城市快速扩张、高强度建设活动下最容易受到破坏，从而导致环境恶化、植被退化、生物多样性减退等问题。

因此，在大多数情况下，对城市内外的自然生态空间的尊重应成为城市景观特色塑造的首要原则。具体措施包括：明确划定生态敏感地带，确保其与城市建设隔离；在城市布局上充分结合山水等重要自然要素原本的走向和位置关系；保持并修复既有的自然生态网络的连续性与完整性；构建或完善符合景观生态原则的水路廊道网络体系；保留和修复维持生物多样性的重要物种及其栖息地；实现城市人工绿色生态系统与自然山水、森林和农业生态体系的连接和相互依存等。

3.2.1.2 控制构建山水视廊

根据各处自然生态景观资源的区位分布，开展城市重要的景观和公共空间视域与城市内外自然山体、水系之间的三维视觉认知网络分析，并选择适宜的驻足点，完善和优化若干城市山水视廊的设计。通过建设管理和城市更新，控制相关地区建设强度和高度，强化特定的建筑和景观风貌引导，确保观山、观水、观绿视廊中，山体轮廓的完整性、水体景观的存在感、水体的背景环境质量等，凸显自然生态景观资源在城市中的重要地位。

案例3-1 兰州市山水城市景观规划

兰州城位于黄河河谷，绵延数百千米的河水自西向东穿过城区。城市依山傍水，南北两侧群山对峙，自然环境得天独厚。然而长期以来，由于受到区域气候、城市大规模扩张、工业发展以及人为破坏等因素的影响，兰州市出现了生态与城市难以协调发展的一系列棘手问题。例如，城市绿地面积不足、空间分布不均、绿地质量较差，整个绿地系统的构建不完整，同时城市的发展隔断了黄河与周围山体之间的空间和视线联系，自然山体水土流失严重，城市空气污染严重，城市空间发展不足等。

在2010年完成的兰州市山水城市景观规划中，提出了打造"高原上的山水城市"的核心概念。该规划在充分研究兰州市独特自然环境和历史沿革的基础上，通过对现状城市资源进行整合和再生，特别是基于对特色山水关系的研究，从黄河滩涂湿地保护和利用、城市南北山体生态修复、排洪渠治理与保护等方面入手，从整体上为兰州未来城市的发展勾勒出高原山水园林城市的结构和框架（图3-11），力图重新塑造与自然相融合的城市生态环境和功能系统。

从这一角度出发，其整体景观规划不仅旨在拓展城市的绿色开放空间，形成绿色生态网络，而且要使绿地成为承载生态、经济、社会和文化等综合功能的城市绿色基础设施，在强化特色自然要素的基础上，从不同侧面构建区域性的城市景观，主要策略包括山体修复策略、河滩湿地保护和利用策略、绿色道路系统建设策略、屋顶绿化策略和栖息地建设策略（图3-12）。

3.2.2 复兴特色历史文化

3.2.2.1 保护修缮历史遗存

各类历史文化遗迹的存在与自然生态空间要素类似，是每一个城市在景观特色发掘中的"不可替代"资源，应优先实现强化保护、积极修缮利用和体系化整合。中国绝大部分城市均有上百年乃至上千年的建城史，各类历史遗存主要包括古城、历史街区、老工业区、历史街道、历史建筑、古树、古井、古河道、牌坊、老码头以及其他构筑物等物质文化资源，以及民俗艺术、节庆活动等非物质文化资源。此外，对于部分实体空间已经损毁消失，但具有重要历史意义、尚有清晰记载的历史资源，同样应予以充分重视。

历史遗存的保护一般采用分级分类的方式，依据其历史价值与保存状况的不同，采取不同的保护方法，如整治修缮、功能改造、原址或异地恢复等。对于面积较大的历史街区，宜采用渐进式有机更新的方式，以保持历史风貌为前提，逐步提升环境和设施水平。尤其是对于建设质量较好、地处城市核心地段的老工业区、码头区等，应尽量降低拆除与重建量，着力展现具有特殊时代意义的历史信息，并通过室内装修、功能置换等方式，引入适应新的时代特征的、可持续更新的业态等，实现"活态保护"。

图例
■ 公园绿地
■ 防护绿地
■ 隔离绿地
■ 浅山绿地
■ 山林地
□ 生态涵养

图3-11　兰州市山水城市景观规划总体格局（引自北京多义景观事务所）

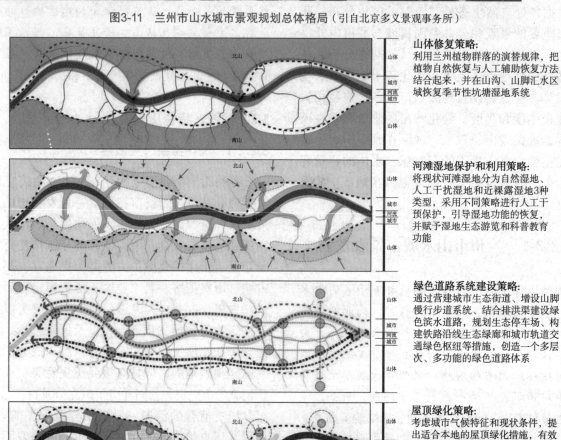

山体修复策略：
利用兰州植物群落的演替规律，把植物自然恢复与人工辅助恢复方法结合起来，并在山沟、山脚汇水区域恢复季节性坑塘湿地系统

河滩湿地保护和利用策略：
将现状河滩湿地分为自然湿地、人工干扰湿地和近裸露湿地3种类型，采用不同策略进行人工干预保护，引导湿地功能的恢复，并赋予湿地生态游览和科普教育功能

绿色道路系统建设策略：
通过营建城市生态街道、增设山脚慢行步道系统、结合排洪渠建设绿色滨水道路，规划生态停车场、构建铁路沿线生态绿廊和城市轨道交通绿色枢纽等措施，创造一个多层次、多功能的绿色道路体系

屋顶绿化策略：
考虑城市气候特征和现状条件，提出适合本地的屋顶绿化措施，有效提高城市的绿地覆盖率，改善城市环境，净化空气，降低热岛效应，营造生态良好的空中花园

栖息地建设策略：
以动植物的生理特征、生态习性为依据，设计整个城市的鸟类、小型哺乳动物、蝶类和鱼类栖息地，保护和增强本地区的生物多样性，形成健康的城市生态系统

图3-12　兰州总体城市景观构建策略（引自北京多义景观事务所）

3.2.2.2 串联利用历史遗存

在历史遗存的合理利用方面，主要应通过强化其与城市公共空间、公共设施的空间连接，尤其是慢行和游憩线路的连接，构成具有历史文化特色、与当地城市生活相融合的空间场所网络。具体策略主要包括：利用历史街区的空置空间，结合相关历史主题，适当植入商业、文创等新的城市功能，同时提升公共设施和环境品质，形成新的城市公共活动中心或节点；利用历史街巷、绿道、水系等线状空间串联起各级各类历史遗迹空间，将散布的、不同时期的历史遗存联结成为有序的历史脉络，形成城市休闲网络体系；对价值一般、零散分布的历史遗迹，可根据其空间和文化特征，与社区公共活动场所充分结合，成为服务社区日常生活、提升社区凝聚力的点状城市特色景观空间要素；对非物质文化遗存应取其精华，将其精神内核融入景观风貌控制与公共活动营造中，成为本土特色文化传承的重要载体。

案例3-2 深圳南头古城保护与利用

位于广东深圳的南头古城始于晋代，有着1700多年的建城史，是深圳市中心区文物保护单位最集中的地区之一，它记载着深圳城市发展的历史以及与香港之间长久的渊源关系。近百年间古城不断消退，同时随着深圳广泛而深入的城市化影响，逐步形成了城市包围村庄，而村庄又包含古城的城村环环相扣的局面，并最终造成了城市中心区域古城时隐时现的复杂格局："城中村、村中城"（图3-13）。这一承载着千年古城文化，并累积了深圳市各个发展时期空间、社会和文化遗产的南头古城，对其保护、改造和更新不仅关系到千年文化传承的重要责任，而且从城市景观角度，为中国快速城市化进程中展现珍贵城市文化样本提供了最佳契机。

对南头古城的改造，建立在其作为重要的城市存量生活空间的基础上，在整体保护的前提下，基于尊重历史街区的原真性以及各个时代的文化

层积和历史印记，通过景观的手段，修补其公共活动空间，提升场所活力并增强场所的归属感与认同感，呈现本土文化，塑造鲜活的城市历史文化街区。在对现状城市景观深入研究的基础上，南头古城的保护与更新以"介入实施"为导向，由点及面渐进式激活，开展以城市文化活动促进古城复兴的发展模式，将"2017年深圳双年展"这一城市事件纳入其中，即将双年展活动作为一次城市介入与古城更新计划的合体，通过选择多样的空间类型，如城中村厂房、街道、广场、居民楼、历史建筑和公园，将一系列展览空间的改造、建筑、艺术作品的展示和丰富的公共活动介入城市景观的塑造之中，通过逐步改善城市日常交往空间、社区空间、文化空间，最终达到提升城市空间品质的目的（图3-14、图3-15）。

3.2.3 塑造特色公共空间

（1）拓展公共空间体系

当代城市中，主要公共空间的布局一般与商业、办公、文化、体育、交通等大中型设施布局邻近，易形成功能复合、充满活力的场所，是城市公共活动、文化精神和特色气质最重要的承载对象。因此，在城市景观特色的塑造中，积极拓展公共空间的数量和类别是必不可少的。值得注意的是，公共空间的拓展除了提升面积比例外，还应使各级公共空间服务范围尽可能做到对城市人居空间的全面覆盖，保证公共空间的便利可达及与生活服务设施的良好衔接。

（2）提升公共空间品质

在公共空间的环境营造中，应高度重视"以人为本"的原则，充分考虑对各类日常活动，如观景、交谈、休憩、运动、儿童游乐、公共艺术展示等功能的良好承载。在视觉风貌营造方面，不应仅单纯地追求美观，也要高度注意与自然山水视廊、历史文化廊道等的串联结合，彰显本地特色。此外，还应鼓励利用本土材料、乡土树种，注重造型、材料、颜色等与周边城市建筑环境的有机融合。在小品、雕塑、街道家具、指示系统等方面的设计中，应鼓励体现城市传统文化中有

图3-13　南头古城鸟瞰（引自http://www.urbanus.com.cn）　　　　　图3-14　南头古城城门（李梦一欣摄影）

图3-15　改造后多样的日常活动与交往空间（李梦一欣摄影）

代表性的符号与元素，多层次地延续传统文脉。各项设施的尺度、比例应当遵循人体工学，提升公共空间的使用率和舒适度。

案例3-3　包头城市公共空间体系设计

包头作为我国重要工业基地，60多年来已经发展成为中国北部的经济重镇、内蒙古自治区的经济中心，目前正在由一个传统的工业城市向宜居、宜业、生态休闲、功能完善的区域性中心城市转变。中华人民共和国成立后，包头市的建设在各版总规的延续下，逐渐形成了有特色的城市空间格局和公共空间体系，各片区的城市设计也多延续了这一特色，主要包括昆青片区（旧城区）和新都市区。

昆青片区是包头市传统的中心区，拥有丰富的文化资源和工业遗存，沿钢铁大街和阿南大街两侧是老城的集中行政办公和商业中心。经历了建城初期、工业发展、后工业发展的阶段，如今中心区面临着由行政办公中心向城市新经济中心的功能转型。昆青片区（旧城区）城市公共空间设计主要集中在以下三点。

（1）打造多个城市活力区

利用"城市针灸疗法"，以组团更新带动区域整体活力。强调区域内各用地功能的复合，增加绿地面积和混合用地面积。

（2）建设以公园为核心的城市绿网

以公园为核心组织相关功能区，提升公园周边区域土地价值，带动周边区域发展。将公园与城市绿道系统、居住和商业空间融合，彼此关联、开放、渗透，形成城市绿网，在功能布局、流线组织、空间形态上实现与周边区域的一体化。

（3）塑造有活力、有特色、人性化的街道空间

塑造不同功能的高质量公共空间，包括公园、广场、建筑前空地、林荫步道等，为所在区域的日常活动提供不同的公共平台。将工业时代的城市尺度转变为人的尺度，保证街道界面连续，着力设计低层沿街界面，统一和强调建筑界面语言，使得旧城区拥有更人性化的街道和更多样化的高质量空间界面，从而拥有新的活力。

新都市区城市公共空间设计则主要涉及以下两点。

（1）构建有序的开敞空间和空间界面

首先，以公共活动为导向，以公共活动流线为基础布置线性开放空间，并局部放大公共活动节点，形成流留结合、有机联系的开敞空间体系。其中，线性开敞空间包括主要交通景观通道、滨河景观通道及商业休闲景观通道；点状开敞空间包括广场、公园、商娱综合区以及由这些开敞空间形成的城市客厅、道路交叉口和活动中心。其次，在遵循城市肌理的基础上，对由建筑围合而成的空间界面进行统一设计。沿城市道路构建连续界面，形成完整的街道空间；对街区内部空间采用灵活的设计形式，塑造有收有放、疏密有致的公共空间。

（2）设置多样化的绿地空间

首先，在分析区域绿地系统要素和结构的基础上，规划结合功能分区及人流特征，设置主

题式、场景式的公园绿地，打造景观节点，提供公共活动空间。其次，以沿包头新都市区的主要道路设置的防护绿地为轴线，串联绿化节点，塑造富有特色的城市街道景观。最后，因地制宜设计绿植环境，营造形式多样的绿化空间，包括条状绿地单元、下沉式广场、都市窗帘（以软质的树冠、绿篱辅助硬质墙体）、渗透灰空间、屋顶绿化、动线引导绿化带（线性排列的"口袋湿地""都市盆景"等）（图3-16、图3-17）。

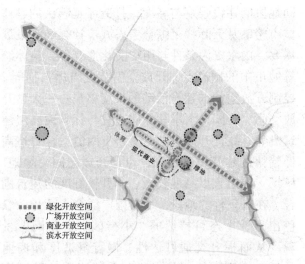

图3-16 包头市新都市区开敞空间体系结构
（引自中国建筑设计研究院城镇规划设计院）

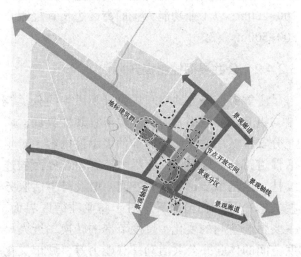

图3-17 包头市新都市区景观建构（引自中国建筑设计研究院城镇规划设计院）

3.2.4 管控城市建设风貌

3.2.4.1 建设风貌分区管控

城市街区的风貌主要指城市建设活动中所遵循的特定设计理念、风格、手法及其视觉效果呈现，是一定空间范围内城市景观特色的"基调"。因此，在城市景观规划设计的过程中，不仅要对各级各类特色景观空间等结构性内容进行调节，也需要对除此以外的肌理性内容予以管控。主要策略应包括：通过控制与引导城市不同分区、不同地段的建设强度与高度，打造绵延起伏的整体城市轮廓及天际线；综合考虑城市社会经济发展需要、山水资源条件与历史文化遗存等，整体统筹城市中的制高点、开放空间节点与标志物等；控制开放空间与建设活动的尺度格局——大型开放空间（公园、水岸等）周边宜与标志性高层建筑毗邻，线性开放空间（道路）两侧适合打造高低错落的建筑群落轮廓，点状开放空间（绿地、广场）周边宜以高度较低、体型较舒展的建筑围合；在有条件的地段，尽量推广适合人性化、绿色出行、生态可持续的"小街区、密路网"景观，从而提升交通可达性、慢行舒适度和商业灵活性。不同功能的街区可采用不同的路网密度，例如，以居住功能为主的街区边长宜控制在200~300m；以公共功能为主的街区边长宜控制在100~200m；以工业功能为主的街区边长宜控制在300~500m。

3.2.4.2 公共界面控制提升

注重街道等公共空间界面景观风貌的分类控制与提升。一般而言，对于城市景观性界面，应充分安排城市文化精神方面的展示性内容；对生活性道路、街区界面，应尽力控制建筑界面的连续性，强化可步行的绿化空间，增设与生活服务相关的小品和街道家具；对于商业性街区界面，主要强调空间的变化、尺度节奏的转换，近人尺度空间的体验式公共活动承载能力等，城市文化的展示也常作为需要强调的特色主题。

案例3-4　杭州总体城市设计中的风貌分区控制

杭州总体城市设计从山水空间保护、虚实空间以及山水空间廊道渗透的自然角度和城市、乡村、城郊的生态、生活统筹角度，提炼出"三廊串多片，五图展画卷，双核映水岸"的城市风貌结构。规划构建了多层次、体系化的景观风貌管理体系，该体系包含风貌分区划定、建筑高度管控、重点风貌地区管控等主要内容（毕书卉等，2018）。

（1）划定城市景观风貌分区和重点特色风貌区

①划定城市景观风貌分区　根据山水文化景观保护及城市各功能发展片区的风貌建设需要，在风貌骨架构建基础上，根据自然、人工及人文边界划分风貌单元（图3-18）；对各单元进行主导风貌的总结，结合城市片区特色及关键词进一步修正，最终形成整体风貌分区。按照分区景观保护和风貌建设要求，细化景观廊道、地块开发控制和建筑单体建设要求。划分西湖风貌区、西溪湿地风貌区、运河文化风貌区、传统老城风貌区、沿江新城风貌区、特色文化景观风貌区、城西科创风貌区、城东产城风貌区、城市综合风貌区、郊野生态景观风貌区和开发边界外围地带11个风貌分区。

②划分重点特色风貌区　将风貌分区中特征突出、需要加强建筑景观管控的重要沿山滨水地区、历史风貌地区、区级公共活动中心、交通走廊、门户枢纽以及其他重要片区划入重点风貌区。城市的框架和整体风貌意象在重点风貌区中基本确立。重点风貌区或开展重点地区城市设计，或针对特定要素、系统等编制专项城市设计，细化街道广场和公园等开放空间设计要求，制定建筑高度、体量、风格和广告、夜景设计细则，并纳入建设用地规划条件（图3-19）。

③打造重要景观线　通过加强景观河道、重要景观线、特色商业街道、自然景观街道等景观线，打造线性景观控制带。通过绿化种植体现特色和

层次，营造丰富的季相景观；强化景观线弯道、桥梁、立交和道路交叉口四周的建筑布局，增强线性空间的景观魅力。加强景观线两侧的建筑方案审查，对处于重点风貌区内的景观线，应在设计中细化道路断面、界面贴线、街墙高度、建筑高度、体量和风格的控制要求。

（2）建筑高度管控

①建筑高度控制分级　将建筑高度分控制区、发展区和协调区3级进行控制。控制区是高度严控地区，按照相关规划严格限制建筑高度；发展区在满足高度控制要求的前提下，建议设置错落有致的高层簇群，打造富有特色的天际轮廓线；

协调区是除了这两类之外的其他地区，起到协调城市空间秩序的作用。规划划定的控制区包括遗产遗址、文保单位、历史街区、风景区及周边的建设控制地带等；发展区包括杭州城市主、副中心及主城次中心、城市枢纽地区等。

②划定建筑基本高度分区　通过划定建筑基本高度分区，确定合理的高度范围及建议高层簇群的位置。建筑高度划定4个基本高度分区，即建筑高度≤24m高度区，24m＜建筑高度≤60m高度区，60m＜建筑高度≤100m高度区，以及＞100m高度区。同时，允许位于重点风貌区、高度发展区内的新建建筑高度超过分区基本高度上限。

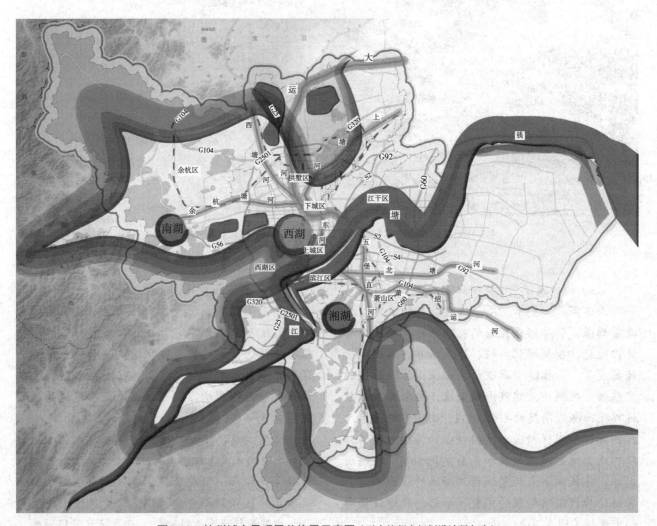

图3-18　杭州城市景观风貌格局示意图（引自杭州市规划设计研究院）

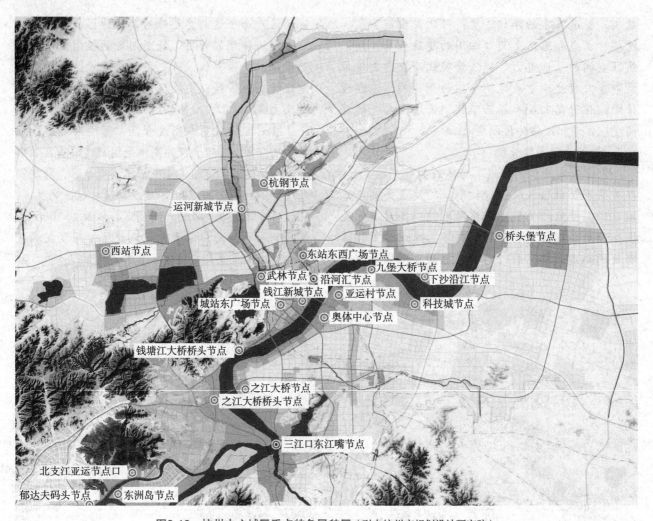

图3-19 杭州中心城区重点特色风貌区（引自杭州市规划设计研究院）

（3）构建城市景观眺望廊道

构建望山、望水、望城、望地标的城市景观眺望廊道，引导形成良好的空间秩序。对景视廊突出地标，控制绿化种植、建筑退界、贴线和街墙高度等。山体眺望廊道要求保持山体轮廓线的完整性，控制前景建筑透视高度，要求其在对应低谷段山脊线高度的80%以内。由山体眺望水岸线的廊道要求保持山水交接特征的清晰完整性，限制近山地区建筑高度和高层建筑面宽。控制由山体、建筑制高点眺望钱塘江新城的视线廊道，保证轮廓线起伏特征的完整性和标志性建筑簇群的可见性（图3-20）。

（4）重点风貌地区管控

①沿山地区保护 杭州的山体与城市空间的关系大致可分为城环山、城依山和城靠山3种类型。根据山体海拔高度、山城空间关系和低丘缓坡地区的土地利用要求，划定山体保护核心区、近山协调区和外围影响区，并分层次提出建筑高度控制要求。

②滨水地区保护 根据水体功能定位、历史文化、空间尺度等特质差异，划分为历史特色型、景观主导型和一般型3种景观控制类型，分别确定滨水地区保护与空间协调范围。通过小街块划分，构筑步行优先绿道网络，建立视线景观通廊，

控制天际线，控制建筑形式与体量等方式，实现滨水地区保护。

③历史资源相邻地区保护　保护传统街巷延长线方向上的视觉景观，在历史街巷延长线上控制一定长宽的视线廊道保护范围，避免布置高层建筑。控制协调与历史街区和历史地段相邻地区

的建设，外围100m范围为高度控制协调区。加强历史建筑周边建筑与其风貌特征相协调，提出历史建筑相邻新建、改建、扩建建筑或同一街区内其他建筑的风貌协调控制要求。

④街道空间保护　依据道路交通组织特性和等级、道路形式、使用者、沿街建筑使用功能、

图3-20　杭州中心城区地标眺望体系（引自杭州市规划设计研究院）

街道景观等的不同，总体分为城市型、景观型和传统型3种街道风貌类型。城市型道路按照步行优先的原则，营造安全、舒适、连续的人行空间，增加人行道宽度，安排行人驻留设施。景观型道路结合道路景观的定位，分别从道路绿化、建筑景观、步行环境、过街设施、街道家具、公共艺术等方面展现城市形象特点和地域特色，强化沿线重要节点的空间整合。传统型道路保持历史街巷的方向不变，尽量保持原有街道尺度，重点展现沿线的历史文化资源并做好周边环境协调。

3.3 城市景观特色塑造实践案例——湖北远安

3.3.1 规划背景

远安县位于湖北省宜昌市，是中国内陆为数众多的历史悠久、山水特色突出的小城市的典型代表（图3-21）。远安古城是古代荆楚文化的发祥地之一，坐落在沮河流域文化带上，有着500多年的历史，其传统城市形态很好地融入周围的山水之中，成为展现中国传统人居智慧的良好案例。2017年，远安被列入全国第二批城市设计试点城市，是该批次仅有的2个县级城市之一。

远安城市景观规划基于一个科学完善的规划设计工作框架，通过一系列研究，充分依托现有景观资源，重塑与自然景观共生发展的城市形态，构建安全、韧性、可达、有吸引力的开放空间体系，开展多样化的公共文化活动，实现优化城市格局、延续城市文脉，促进城市转型、人居环境质量提升和精细化管理。

3.3.2 远安城市景观特色与现状问题

3.3.2.1 完整的山水格局与丰富的景观资源

远安县城紧邻长江的重要支流沮河，坐落在以鸣凤山、东山两山夹沮河的宽谷中，自然山水骨架特色显著，多条支流穿城而过，形成独特的水系绕城格局。东西两翼山体林壑幽美，周边田园、村落、湿地景观资源丰富，与远安古城交相辉映（图3-22）。

远安是黄帝正妃嫘祖故里和楚文化的重要发源地之一，自远古至近代的地上地下历史遗迹众多。鸣凤山至今仍是驰名荆楚的道教圣地。远安古城建城历史可追溯至西汉，县城城墙至今完整保留。大革命时期，鄂西革命根据地的建立在此也留下了诸多红色遗迹。各类文化遗迹分散在老城区及两翼山体间，文化景观价值巨大（图3-23）。

图3-21 远安城市区位及周边山水格局区位示意图

3.3.2.2 远安城市快速扩张建设中的现实问题

（1）山、水、城联系割裂

50 多年前，一批早期军工企业驻扎进远安县城，坐落在山麓一带较为隐蔽的位置，部分进入了山体环境中。近 20 年来远安进入城市快速扩张阶段，大量新建房屋、基础设施和工矿生产占用了河谷地带的自然滩地、耕地和林地，部分水系被阻断或引入地下，城市与自然山水的联系趋向断裂，洪水、山体滑坡等自然灾害越发频繁，城市景观特色不断消退（图 3-24）。

（2）缺乏连续蓝绿空间

现在的远安城市内外的蓝绿空间已较为破碎。沮河及其支流河道部分阻塞，河流、沟渠、坑塘不再贯通成网，水质与滨水环境污染严重；滨水岸线被大量违章建筑侵占，无法形成连贯的步行空间；东部山脚与山麓工业区不断扩张，厂房体量庞大，阻隔了景观视线。

（3）公共空间品质不佳

远安多数历史文化遗产被湮没在高密度的城市角落中，缺乏必要的专业保护，且大多处于未利用的废弃状态，忽视了文脉和传统空间肌理的延续。城市建成区密度高，市民日常活动空间拥挤且品质低下，城内大型公园缺乏特色主题，标志性空间节点使用大型雕塑展示嫘祖文化，展现方式单一，可进入性和参与性不佳，未能将传统文化与城市环境有机融合。

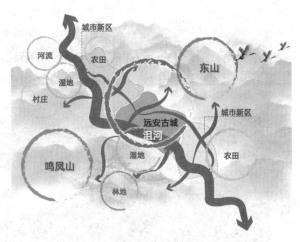

图3-22 远安城市山水格局意象

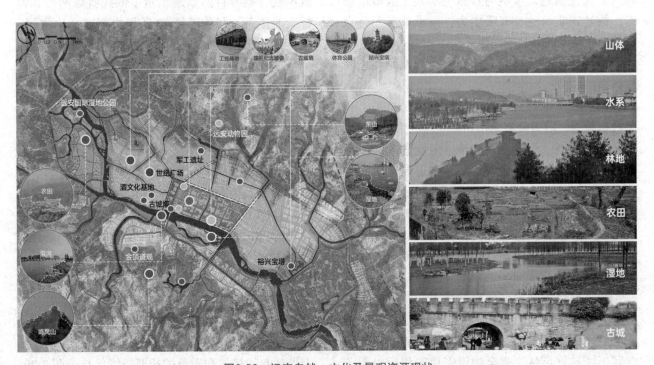

图3-23 远安自然、文化及景观资源现状

图3-24　远安城市景观规划现状问题

3.3.3　远安城市景观规划设计目标与策略

远安城市景观规划以尊重宏观自然山水格局、恢复安全韧性的生态基底、建立连贯开放的公共空间体系为核心理念，充分整合生态、文化等多方面的景观资源要素，依托现存良好的自然要素和历史文化遗迹，重塑与自然山水共生的城市形态，构建连贯可达、有吸引力、可承载多元公众日常游憩活动的开放空间体系。

（1）顺应自然格局，修复安全韧性的生态网络体系

保护城市东西两翼自然山体土壤和植被，利用补植覆盖，着重恢复东山山麓裸露的采矿遗迹；封闭相关道路、设立围栏屏障，限制进入沮河河谷与支流交汇处的河漫滩区域，腾退湿地中的农田和园地，恢复自然生境；丰富生态敏感区现有绿地中的植被层次，增加供野生动物栖息的生态踏脚石，提升城市生物多样性（图3-25）。

（2）依托蓝绿空间，构建连续、可达的蓝绿开放空间

恢复被阻塞和下埋的自然河道，对沮河及各支流滨水岸线进行自然化改造，连通沮河及8条支流沿岸的步行空间，确保其与城市道路和公共空间形成良好衔接；整合建设密集区和历史街区小微空间更新和特色街道空间更新项目，形成12条城市绿廊，同时形成连接城市公园、滨水绿带、山体步道、口袋公园等慢行体系（图3-26）。

（3）强化城景互动，塑造多元、有吸引力和具活力的公众活动载体

基于连续可达的蓝绿空间，选择城市内外贯通、有特色、层次丰富的视觉廊道，整治周边建筑风貌，提升自然景观质量；依托蓝绿网络和慢行交通体系，强化老城13条历史街道文化主题；设计从城市延伸到周边山水的康养、田园、工业记忆等五大主题游线，布设休闲服务、体育健身、地域文化展示等设施，策划一系列公众活动场景（图3-27、图3-28）。

3.3.4　规划特色与实施

通过一系列规划设计策略的实施，重塑了以古城为核心、以沮河河谷滨水空间为主轴、东西两翼自然山体环绕的城市景观总体格局，即：以"一河映两山，八水润三城"为总体特色，以自然山水为两轴、东西山体为两翼、多廊交织、五片区分类控制的城市景观风貌体系。近期建设实施主要通过引水入城、置绿通城，确保各类山水文化资源与城市公共活动空间网络充分融合，以六纵十横、多廊交织的蓝绿开放空间网络，引领城市景观空间格局和质量的长期持续优化（图3-29、图3-30）。

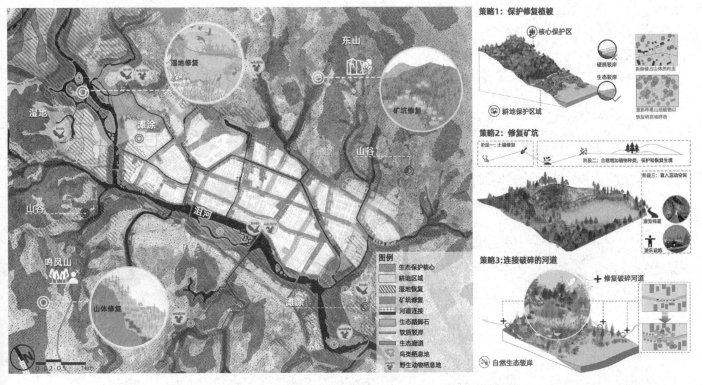

图3-25 远安城市生态网络保护与修复规划

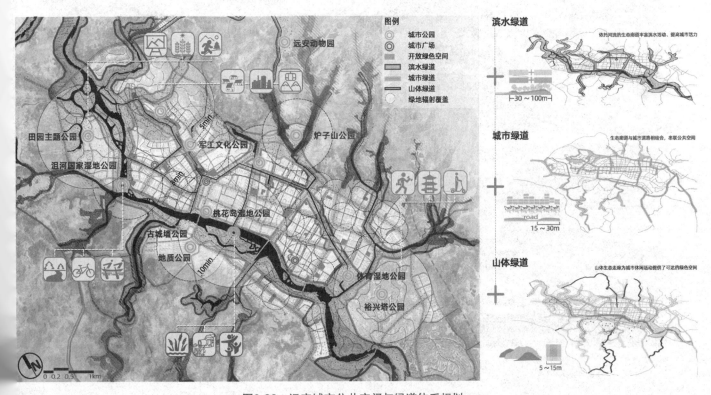

图3-26 远安城市公共空间与绿道体系规划

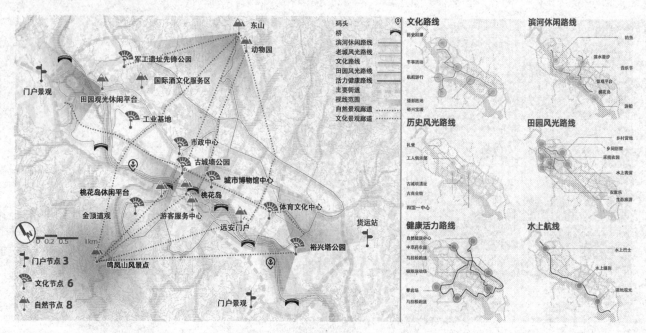

图3-27 远安眺望系统及游憩线路规划

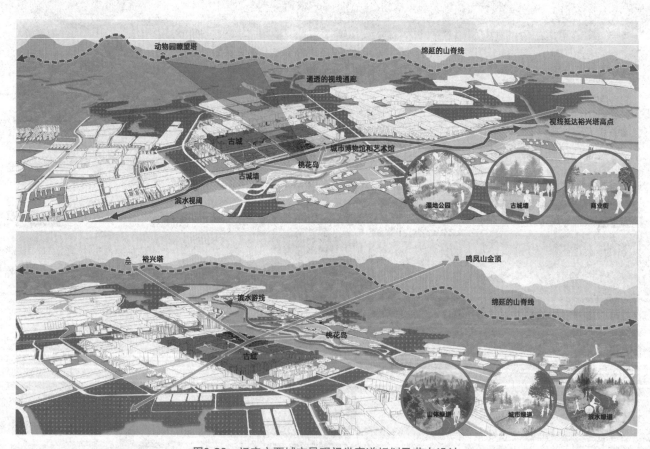

图3-28 远安主要城市景观视觉廊道规划及节点设计

图3-29 远安城市景观规划总平面图

规划成果确保远安在未来展现出与山水景观融合的独特宜居小城市魅力，城市中蓝绿空间占据48%的用地，100%的居住区均可在3分钟内步行到达绿色开放空间。截至2021年年底，已完成总长74km的绿色廊道建设，新增11个特色小微公园或文化空间节点，完成13条特色街道更新（图3-31）。

规划还引领建立了全域城市景观要素信息库和动态监测平台，将56.81km² 范围分为16条廊道连接的5大片区，为每个片区制订城市景观更新"菜单式"设计导则，在城市后续建设发展中实时监控全域景观要素变化，及时调控优化景观绩效；通过充分吸收多领域专家、政府官员和公众意见，在规划框架和设计导则的基础上，每年组织设计师培训、工作坊10次以上，推广远安城市景观更新实践中"调研—分析—设计—实施—反馈"的规范流程；规划实施中搭建公共参与数字化信息平台，持续收集对于城市景观特色、公共活动场所需求的意见，逐步实现公众深度参与的决策体系。

远安城市景观规划的实践，充分契合了中国诸多普通小城市在经历高速扩张发展后，城市景观特色和人居环境水平提升的需求。该项目成功展现了由景观设计师引领的多学科团队，结合宏观和微观层面，从开展科学的景观要素分析，到提出有针对性的景观更新和管控策略，再到推动有效实施及实现精细化管控和动态调整的一系列有益探索。

图3-30　远安城市景观规划鸟瞰效果图

图3-31　远安城市景观的典型特色场景——桃花岛

思考题

1. 结合城市景观特色认知与评价相关内容，认知并分析你所熟悉城市景观特色的优势与不足。

2. 结合具体案例，应用城市景观特色的塑造方法，尝试提出一个城市的景观特色提升策略。

3. 结合案例分析，试述城市景观特色塑造对城市可持续发展的作用和意义。

拓展阅读

[1] 城市建设艺术. 1990. 卡米诺·西特著. 仲德崑译. 东南大学出版社.

[2] 城市建筑学. 2006. 阿尔多·罗西著. 黄士钧译. 中国建筑工业出版社.

第4章
城市中微观尺度景观规划设计方法

（北京）城墙上面，平均宽度10米以上，可以砌花池，栽植丁香、蔷薇一类的灌木，或铺些草地，种植草花，再安放些园椅……还有城楼角楼等可以辟为文化馆或小型图书馆、博物馆、茶点铺；护城河可引进永定河水，夏天放舟，冬天溜冰。这样的环城立体公园，是世界独一无二的……

——梁思成

伴随着城市文明的发展，基础设施已经成为维持现代城市生存和运转的核心支撑系统。但长期以来它被认为是主要遵循单一功能的工程构筑物，缺少对自然生态、城市环境、社会文化、美学等方面的综合考虑。从空间上讲，基础设施已经成为主导现代城市结构的关键性网络要素，不仅占据了大量城市空间，甚至对周边城市景观质量产生影响，如铁路、公路、泄洪渠等重要城市基础设施的周边区域的功能完善度和公共活力都远落后于城市其他地段，并处于不断的衰落过程中，形成城市的"失落地带"。但事实上，这些空间都可以重新良好利用，成为城市中最宝贵的潜力空间资源。

在城市中微观景观网络的构建过程中，可以利用基础设施功能、空间模式转化的契机和潜力，将原本单一的基础设施空间逐渐改造成为具有多元价值、积极的城市公共场所，提升城市环境品质。从这个意义上来讲，基础设施空间将成为未来城市景观营建的重要领域。本章将重点介绍在城市中微观尺度景观网络的构建过程中，对

这些可更新和再利用城市基础设施空间的更新创造途径。

4.1 城市景观网络空间载体

4.1.1 城市景观网络与基础设施

在城市这样一个高度人工化的环境中，基础设施是维持其正常运转的基本支撑系统。从功能的角度考虑，如果将城市看作活的有机体，基础设施就是维持城市生命的血脉。可以确定地说，基础设施是城市发展的决定性力量，现代城市包括多个层面彼此独立的基础设施系统，每一个层面的基础设施由大量的基础设施点和线组成，这些层面最终叠加并在彼此间建立联系形成了城市的基础设施网络。这个基础设施网络再将城市的其他要素包括建筑、空间等连接起来，形成一个复杂的城市综合体。

长期以来，基础设施建设原则主要集中在它所承载的核心功能，而忽视了对基础设施其他方面的关注，使其成为抛弃美丽、不关心生命和忽视生活质量的"消极"城市空间，导致城市生活和基础设施的分离，带来了城市生态友好性差、缺乏美学价值、功能单一、环境影响严重、街区肌理割裂等一系列问题（Lewis Mumford，1934）。

目前，越来越多的基础设施开始超越单纯工程设施的界限，作为一种未被完全发掘的资源进行重新定位，以适应新时代城市发展的需要，在

生态、经济、文化和社会层面发挥更强大的功能。基础设施空间将成为城市景观更新发展的媒介，在现代城市景观网络的构建过程中成为一种复合城市功能的载体（特雷布，2008；王向荣、林箐，2002）。

20世纪90年代以来，城市基础设施与景观的结合成了热门专业话题，相关研究中主要可以看到4个名称："作为基础设施的景观"（landscape as infrastructure），"作为景观的基础设施"（infrastructure as landscape），"景观化的基础设施"（landscape of infrastructure）和"景观基础设施"（landscape infrastructure）。虽然这些名称略有区别，但本质上都是在探讨景观与现有城市基础设施结合的潜力和创造性方式。新时代的城市景观规划设计正在将传统的基础设施作为重要的实践领域，追求二者在形式、功能、文化等方面更加深层次的融合，进而改变传统基础设施、景观的面貌和模式（图4-1）。

4.1.2 早期研究：基础设施作为景观

1995年，盖里·斯特朗首次提出"基础设施

作为景观（infrastructure as landscape）"的说法，将基础设施作为一种现代城市景观进行重新解读，随后系统地进行了景观和基础设施关联性的讨论，拉开了景观与基础设施结合研究的序幕（Gary L. Strang，1996）。由于基础设施本身具有生物复杂性特征和需求，如果将其作为一种不可缺少的城市景观来看待，重建与自然和社会的联系，基础设施将成为城市景观规划设计的重要对象。景观的介入将实现基础设施功能多元化和复杂化的转变，实现城市中自然景观和基础设施景观的共存与复合。景观与基础设施的联姻将体现自然与技术的融合，不仅使基础设施获得新生，同时也创造一个巨大的城市景观更新机会，成为未来城市景观格局重要的决定性因素。

4.1.3 深化研究：景观都市主义与基础设施景观

20世纪末，在发达国家城市产业转型、工业废弃地激增、城市中心区不断老化的背景下，景观都市主义作为一种应对工业城市衰退问题、实现城市复兴的重要理论得到迅速发展。它的核心

图4-1 柏林波茨坦雨水花园（李倞摄影）

观点认为景观有能力成为城市建设最基本的要素，城市景观规划设计作为城市更新的重要媒介，成为当代城市化进程中对现有城市景观重新整合的一种新途径。

从景观作为城市更新媒介的目标来看，景观都市主义与基础设施景观之间的关联不是一种巧合，具有必然性。景观与基础设施的关联在于景观都市主义的实践需要依靠和利用基础设施重塑城市的巨大能力。景观都市主义主张用更有机、动态的生态学观点来看待基础设施，认为这种新的"基础设施景观"将具有更大的弹性和可塑性来适应未来诸多的不确定性，并实现对城市景观空间结构的重组。在景观都市主义理论中，基础设施景观视为一种公共空间综合体，可以重新链接基础设施与城市肌理，转变为满足城市生活的公共资源（查尔斯·瓦尔德海姆，2010）。

4.1.4　研究拓展：景观基础设施

2008年加拿大多伦多大学率先召开了"景观基础设施——实践、范例、技术的涌现，重塑当代城市景观"学术研讨会，主要探讨了景观在生态领域规模不断增加的研究成果对基础设施在未来发展战略方面所可能产生的影响，并分析了一系列实践项目、技术手段和设计范式，认为景观基础设施必须更加关注文化而非工程，进而重塑更加具有功能活力的城市环境，作为一个可以提供城市生存必需的各种服务、资源和过程的复杂系统，支撑当代城市社会经济的可持续发展。

皮埃尔·贝兰格（Pierre Belanger）是这一阶段景观基础设施理论的主要推动者。他认为以工程化为原则产生的基础设施模式制造了大量的城市代谢废物，而这些正是21世纪城市更新发展的新机遇。景观基础设施有能力通过调整物质和能量流，在生态系统、社会系统和经济系统之间寻找到更加高效、完美的结合途径，回收由于不合理模式所产生的废弃物和废弃空间，并以此为切入点彻底重组未来城市空间的发展模式。景观基础设施将为构建城市景观网络提供一个复杂的可

操作系统，将一个受到严格控制、隔离自然的僵化系统转变为一个可以接受多种因素的载体，并通过一种长期和区域尺度的策略实现动态的发展控制（Pierre Belanger，2008）。

4.2　城市景观网络营造方法及策略

4.2.1　城市景观网络核心营造策略

（1）重建工程与自然系统的联系

长期以来，城市与自然通常当作二元对立的关系来看待，因此产生了自然与技术在思想观念上的对立。目前，越来越多的人认为在基础设施的建设中应当实现自然与技术这两个系统的融合。为了在工程与自然间重建融洽紧密的关系，景观可以作为一种重要的中间介质，在现代城市基础设施中实现人工与自然之间的"创造性的转变"，将复杂的自然生物种类和能量流动过程与基础设施相结合，构建与自然紧密联系的工程系统。在纽约高线公园（Highline）项目中，詹姆斯·科纳（James Corner）运用生态工程技术和创造性的设计手段，将一条废弃的铁路线转变成一座高架的城市自然廊道，将多样的植物生境与高架铁路设施重新融合（图4-2）（詹姆斯·科纳，2016）。

（2）重新引入复合的公共功能活力

简·雅各布斯已经在《美国大城市的死与生》一书中明确提出"多样性是城市的自然特征，是城市富有活力的源泉"，并且指出对城市的更新应该是以激活城市的多样功能为目标，从而满足城市居民复杂的使用要求。通过重新定位、设计、优化和增值，基础设施自身及附属空间可以被赋予多种混合的城市使用功能，创造一种"非传统的城市公共空间"。这种具有多种综合功能的空间会比单一功能的空间更加丰富，通过更加广泛和多功能的使用，可以实现基础设施使用活力和亲密感的回归，并重新建立与周边城市景观要素的联系，实现城市空间断裂带的"缝

图4-2 纽约高线公园（李倞摄影）

合"（李倞，2016）。

某些城市基础设施，如高架和下沉的城市快速路、高架轻轨交通线、下沉泄洪渠等，本身就存在大量未被充分利用的上、下层空间。这些空间有的作为城市停车场，有的处于荒废状态。这些空间都具有再利用潜力，可以通过设计使这些城市地段获得再生，成为独特而富有活力的城市公共空间，作为构建城市景观网络的重要组成部分（图4-3）。

（3）构建适应变化的弹性动态系统

景观具有协调多种动态因素的能力，容许不断发生变化。在与基础设施结合的过程中，景观可以充分发挥其处理动态问题的能力，将影响基础设施的动态因素纳入基础设施设计的考虑范畴，形成一个具有弹性适应性的"柔软"基础设施。这种软性基础设施强调考虑影响基础设施的综合动态性因素，有针对性地对其主要的动态因素进行观察、研究和预测，创造性地提出能够适应和容纳动态变化而不是抵抗变化的"柔软"景观基础设施。景观基础设施的"柔软"弹性使其具有更大的功能灵活性和适应性，有效缓解动态性因素可能对其造成的影响，在城市中产生更强

的抗压能力，在满足不断变化的城市需要和缓解自然灾害影响等方面表现出更强的功能效率（图4-4）。

（4）重塑现代基础设施的美学特征

景观可以将艺术转化为基础设施的设计语言，并在满足基础设施功能的前提下，重塑基础设施美学。这些基础设施被重新赋予美感，其中包括基础设施的形态、尺度、色彩等多个方面，使其更容易被公众接受和喜爱，甚至产生强大的社会吸引力。这些基础设施将给人留下鲜明的印象，有可能成为环境的焦点，甚至成为城市的标志性景观空间（图4-5）。

（5）作为社会和区域发展的催化剂

景观同时具有改善城市环境，协调区域发展的性能，可以成为一种城市综合协调、推动更新发展的有力手段，并带来周边土地品质的显著提升。与基础设施结合的景观不局限于对基础设施自身形式、空间、功能等问题的研究，而是扩展到区域的视角，通过对基础设施及其周边环境的协调考虑，挖掘基础设施在周边区域发展变革中的催化价值，改善整个基础设施区域的环境质量，为城市发展注入新的活力（图4-6）。

图4-3 美国印第安纳阿波利斯运河公共空间（李倞摄影）

图4-4 新加坡碧山加冷河硬质段和改造段（李倞摄影）

4.2.2 流动景观：水利基础设施的景观化

水利基础设施作为城市基础设施的重要组成部分之一，是现代城市中最重要的线性空间要素之一，可以成为构建现代城市景观网络的重要组成部分。水利基础设施的景观化主要包括河渠硬化改造、弹性防洪景观、城市雨水管理和水净化湿地等内容。

图4-5 芝加哥千禧年公园步行桥（李倞摄影）

图4-6 波士顿肯尼迪绿道（李倞摄影）

4.2.2.1 硬化河渠的近自然化再生

城市河道作为一项重要的基础设施工程，受到一系列城市规划和工程设计标准的严格控制。为了满足行洪需求，许多城市河流的原有形态被重新设计，将河道截弯取直，以便在洪水来临时，能够快速排走；为了能够抵抗洪水对河岸的冲刷，减少河岸占用的空间，从而获得更多的土地进行城市建设，大量城市河流修建成混凝土硬化河渠，其原有的滨河自然生态环境被破坏，生态功能退化严重。同时，硬化河渠在解决城市供水和防洪问题时，通常也将河流与城市割裂，由此带来不同程度的生态、社会和经济问题。

一直以来，城市河流都是城市最重要的自然景观资源之一，作为城市最主要的生态功能载体。硬化河渠的自然再生要顺应其特有的自然法则，将河流重新作为一个复杂的有机生命体，明确其除了承载水流之外，还具有多种自然生态价值，包括水量调节、水质净化、雨水汇集、提供多样滨河动植物栖息地等复合功能，并通过弹性功能的恢复来降低周期性洪水的影响。而且，河流自然再生设计需要利用其附属空间形成集观光游览、休闲游憩、运动健身等多种类型户外滨水开放空间，使河流富有活力，重新回归居民的日常生活。

硬化河渠的自然再生注重将基础设施、开放空间、自然生态、区域整合发展等项目结合起来，将自然引入城市，重新赋予河流在城市生态、文化、社会和经济等方面的多种价值，强化其在城市中的作用，成为未来城市发展变革的重要战略因素。

案例4-1　美国布法罗河湾休闲带（Buffalo Bayou Promenade）

布法罗河位于美国休斯顿市，是一条自然状态被完全改变的人工工程河渠。由于洪水暴发，河道被工程化改造，修建了滨河河堤，周边植被也被完全破坏，随后还利用河道剩余空间修建了城市高架快速路，最终使布法罗河逐渐成了一条城市污水的排放渠道，逐渐丧失活力。

SWA设计公司负责对这条长逾3km的硬化河渠进行修复，将这个曾经堆满垃圾、污水横流的荒废区域转变成为富有活力和多元价值的多功能绿色走廊，创造了一条贯穿城市西南面的河流生态廊道，成为更加生态、高效的城市基础设施（图4-7）。修复后的河岸采用装满石块和城市废弃混凝土砌块的金属石笼进行加固。这些具有大量空隙的金属石笼不仅可以抵御洪水冲刷，还可以满足植物生长，成为一个小型的动植物栖息环境。项目同时沿河岸种植具有本地特色，能够适应河岸生态环境的植物，恢复滨河的自然景观。布法罗河项目同时非常注重城市公共休闲功能的引入，改造后的河道将休斯顿市中心、城市河道和公园重新串联起来，并在沿岸设置了小型剧场、

图4-7　布法罗河湾休闲带设计平面图（引自SWA）

滨水码头、休闲草地和健身运动场地等户外活动设施，深受步行者、划船者和自行车爱好者的喜爱。

4.2.2.2 增强景观弹性防洪能力

全世界范围内，曾经为"彻底"消除洪水灾害的影响普及了混凝土防洪堤坝建设。受到全球气候变化和极端天气的影响，现有堤防系统正在面临越来越严峻的考验，如何将自然防洪功能与工程防洪结合成为当今世界的研究与实践的热点。

目前，城市防洪思路正在转变，由过去的抵抗开始向增强弹性削减洪水转变。软性生态防洪堤坝系统主张采用近自然化方法，利用自然滩涂恢复、生物结构和生态工程技术来"软化"防洪堤坝，恢复堤坝的生态弹性，减轻洪水对堤坝的侵蚀损害，提高堤坝的生态稳定性，从而增强其防洪效率。同时，堤坝的美学功能和社会使用价值得到重新考虑，成为可利用的新的城市公共景观资源（图4-8）。

此外，在应对洪水的智慧方面，中国古代城市一直遵循"以疏导为主而非围堵"的治水经验。弹性防洪景观遵循给河流以空间的近自然化河流管理理念，顺应自然规律对洪水进行合理疏导，预留洪泛缓冲区域，进而降低城市主要区域受洪水影响的强度，使洪水成为一种可控的资源。它并非以解决洪水问题为单一目标，而是结合水质净化和利用，实现对水资源的综合管理，并且通过对洪泛区的洪水控制和环境改善，实现潜在洪泛区域的功能再生和活力恢复。

案例4-2　西班牙萨拉戈萨水上公园
（Water Park in Zaragoza）

2008年世界博览会在西班牙萨拉戈萨市举行，会场选在埃布拉河（Ebro）经历多次改道而形成的面积约150hm² 的瑞妮拉（Ranillas）河湾上。场地现状是大面积的农田，由于处在河道迂回的拐弯处，水流速度较快，河岸遭受严重侵蚀，再加上

图4-8　重庆云阳滨江堤坝改造设计（引自北京多义景观规划设计事务所）

地势平坦，经常被季节性洪水淹没。如何降低这片季节性洪泛平原的洪泛风险，实现与洪水共生成为设计的重点。

设计师并没有沿埃布拉河修建一道防洪堤坝将整个场地围合起来，而是巧妙地结合场地原有的农田肌理设计了一个洪水引导系统。水从河湾的上游通过一个人工控制的水闸引入公园东北部的灌溉水渠，经过连续的植物净化池塘，到达西南部的运河水渠，随后进入河岸区域的水生、湿生林地，最后回到河湾的下游。设计依据埃布拉河洪水期的水流强度、水量和水位数据进行了综合分析。在洪水暴发时，打开河湾上游水闸将迅猛的河水引入运河，分流河水进而削减水流在河湾处产生的巨大能量，并通过公园运河系统将河水最终排入下游，而不会使洪水失控淹没整个湾区（图4-9）。河湾内侧的水生林地、湿生林地也成了洪水的自然缓冲区。展区内的主要服务建筑、人行步道等设施在洪水高峰期时都不会受到洪水的影响，只有预先设计的公园河岸附近的林地、广场等区域在高水位期会被淹没。在25年一遇的洪水期，整个公园仍然可以向游客正常开放。整个运河水系统还是一个天然的净水设施，

图4-9　西班牙萨拉戈萨水上公园总平面图（引自Alday Jover arquitecturay paisaje）

可以使河水满足游泳、划船等亲水休闲活动的用水要求，也可以作为整个公园的自然灌溉系统和排水系统。

4.2.2.3 建设城市分散式雨水管理景观

城市雨水管理立足于从自然界雨水循环规律中寻找灵感，采用经济有效、生态环保的途径对城市雨水进行源头式管理，使其能够就近储存利用和下渗，或在降雨后缓慢向排水管网释放，达到错峰排水的目标，进而降低城市基础设施压力，实现城市雨水的资源化再利用。

分散式城市雨水管理景观主张采用区域分散滞留的雨水管理利用模式，利用多种类型的公共开放空间（公园、广场、建筑庭院、道路绿地等）对其周边城市区域的雨水进行滞留、管理和利用，形成具有雨水收集、净化、渗透以及多种综合公共休闲使用功能的复合型城市景观，最终形成由均衡分散于城市内部的若干独立部分组成的雨水生态管理景观系统。每一个雨水管理景观所占用的城市空间较小，独立运行，技术并不复杂，同时采用更加灵活的设计形式，使其在高密度城市建成区域中的建设实施具有很强的适应性。

案例4-3 美国波特兰西南12大街绿色街道（SW 12th Avenue Green Street）

西南12大街绿色街道位于俄勒冈州波特兰市中心，是在密集城市建成区域利用现有城市街道进行雨水管理的典范。设计将街道雨水汇入一系列既具有植物过滤净化功能，又能够将雨水渗入地下的种植池中。按照设计，西南12大街设置了一系列1.2m×5.2m的种植池，道路汇集的雨水首先汇入第一个种植池，当超过单个种植池的渗透能力后，雨水从出水口流出、再进入第二个种植池，依次类推。

这些种植池结构和原理简单，而且形式灵活，可以结合道路具体情况而采取不同的形式，也不会影响现有道路的交通通行功能，尤其适合在高密度城市建成环境中使用。根据建成后的数据统计显示，该系统在2005年共处理雨水约700m³。模拟试验还显示，在25年一遇的暴雨强度下可以管理至少70%的道路雨水（图4-10）。

图4-10 波特兰绿色街道雨水管理（李倞摄影）

4.2.2.4 建设具有水净化功能的人工湿地

人工湿地水净化景观主要利用物理过滤和生物吸收净化相结合的方式，引入自然生态净化功能，模拟自然水净化过程，形成一个让自然做功的天然水处理系统，对城市雨水、部分生产和生活污水、经过初步净化的再生水以及城市河流湖泊水进行水质改善和净化。如果设计和管理得当，该系统可以发挥有效的净水功能，对环境影响较小，成本较低，可以同时发挥净水、科普教育、公共空间、环境美化和动植物栖息地等综合功能。

在设计应用过程中，城市景观设计的主要任务可以归纳为以下几个方面：首先需要了解人工湿地的基本技术原理，与相关合作专家进行良好的沟通，提出景观设计构想；明确场地需要管理的雨水或污水水量和可能用于人工湿地建设的场地区域情况，将区域限制条件（面积、地形、植被等影响因素）向合作专家进行反馈讨论；测定需要净化的水质情况，并以此为依据，综合考虑场地限制条件，与相关专家合作确定基本的净化功能流程、净化技术措施、所需湿地规模和深度，并结合实际场地进行合理的空间布局组织；在相关领域专家的水力特征计算和基本结构细节设计的基础上，开展与公共空间特征相融合的形式设计，并在满足净化功能的前提下结合场地特征创造更加优美的景观效果；与专家合作根据净化需求确定人工湿地净化区域的湿地植物类型和种植设计形式；根据净化后的水质确定再生水的利用方式，并结合景观进行再设计；充分考虑如何将人工湿地转化为公共空间，发挥美学观光、公共休闲和科普教育等功能，增加公众可亲近性。

案例4-4　美国西德维尔友谊学校庭院（Sidwell Friends Middle School）

西德维尔友谊学校位于美国首都华盛顿北郊。在对一栋旧建筑进行扩建时，利用1000m²的建筑庭院设计了一处人工湿地，作为一个"生态机器"

对学校建筑物产生的污水和校园雨水进行净化。庭院采用下沉台地式布局，自西向东被划分为5层，前3层为污水净化湿地（垂直潜流人工湿地），第四层为雨水渗透花园（自由表面流人工湿地），最底层为雨水池塘（自由表面流人工湿地）。

建筑污水首先进入地下厌氧菌预处理设施，过滤沉淀物后注入阶梯湿地，在重力作用下依次流过三级人工净化湿地。每级人工湿地都采用垂直潜流湿地形式，污水从直径约5mm的砾石层下流过。砾石层种植水净化植物，污水可以与植物根系及根系微生物充分接触，使污染物得到固定。整个湿地具有自动控制系统，污水将在三级湿地中进行不断循环，直至污染物含量达到安全标准。该过程不会看到污水水流，可以有效地减少异味，也避免学生与污水接触而造成潜在的健康影响。此过程需要3～5天的时间，净化后的污水将用紫外线消毒，注入建筑中水储水箱进行二次利用（厕所冲洗用水等）（图4-11）。

场地收集的雨水将被直接汇入最下层的雨水池塘，通过表面流湿地净化可以有效改善水质，降低悬浮杂质。净化后的雨水被过滤消毒后注入雨水储藏箱进行再利用（池塘水景补水、景观养护等）。当降雨强度过大，超过池塘的容量后，雨水将溢流到上层雨水花园，采用季节性湿地方式，模拟自然的水文动态模式，通过土壤的自然过滤渗入地下，补充地下水源（图4-12）。

学生教育和公共参与也成为人工湿地设计的另需考虑的重要因素。在庭院内设计了一处草坪户外课堂，作为室内与户外相结合的环境教育场地。设计师沿庭院通往教学楼的楼梯内侧，设计了一个具有艺术纹理的地表雨水排水通道，将屋顶汇入人工湿地的雨水排水过程清晰且有趣地展现了出来，成为一个具有教育功能的水景观（图4-13）。湿地维护团队还为庭院设计了一个智能监测系统，除用来控制系统的正常运行，保障净化功能质量以外，其数据还可以用于教学研究，向教师和学生开放，学生也可以亲自参与整个过程。庭院种植了逾50种本地乡土植物，成为学生开展生物、生态和化学知识学习的户外实验室。

图4-11 建筑污水人工湿地净化流程（李倞改绘自Andropogon Associates）

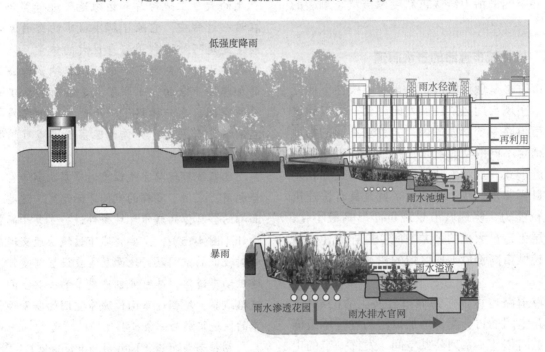

图4-12 建筑雨水人工湿地净化流程（李倞改绘自Andropogon Associates）

图4-13 西德维尔友谊学校植物系统（李倞改绘自
Andropogon Associates）

4.2.3 速度景观：交通基础设施的景观化

城市街道曾经是最重要的城市公共空间，有如整个城市的血液循环系统，维持着城市的物质和能量畅通，保障其持续的生命力。在诸多古代城市中，街道就是富有活力的"城市客厅"，发挥着交通运输、生活交往、商贸交易等综合功能，是城市最具公共性的空间之一。

由于现代城市对交通基础设施的依赖，使其占据大量城市空间。在现有城市结构的基础上，这些空间的利用潜力有待被重新激活以适应新的城市功能，也可以利用新建交通基础设施所提供的城市空间更新机遇，为高密度城市的公共空间营造提供一种可实施的途径。同时，交通基础设施作为现代城市的空间景观组织要素，将整个城市串联起来，可以依托密集的交通网络及其附属空间，串联周边现有的公共空间环境，构建一个与城市相融合、承载多元复杂功能的公共空间网络，通过公共空间的活力链接重新凝聚被汽车割裂的城市。

4.2.3.1 依托城市道路的景观廊道

城市道路是现代城市中最重要的线性空间元素。为了实现与周边景观要素的融合，可以通过调整城市道路系统断面的设计，针对不同的场地条件，结合不同的功能需求，找出其与现状肌理最协调的形式。虽然不同路段的断面形式存在差异，但目标非常一致，归纳起来就是具有快速机动车通行能力，实现城市景观负面影响最小化，在地面层创造最大化的公共空间。这样的建设策略在穿越城市高价值土地区域的快速路中运用得尤为显著。

城市道路也可以作为城市公共生活的载体，通过道路空间的再分配，增加道路的慢行承载能力，沿道路创造一系列公共空间，发挥一定的生态服务能力，承载步行、自行车、机动车和有轨电车等多种交通方式。这些措施可以使城市道路不再成为一个城市活力的真空区域。相反，由于其便利的交通、连续的空间和丰富的功能成为城市公共空间系统的重要组成部分。

城市道路可以采用一种垂直叠加的立体复合型的空间体系，尽可能最大化地挖掘城市垂直层面的空间潜力，将地面空间从机动车通行和停车需求中解放出来。它们的地下空间正在成为快速过境交通和公共服务的容器，除了建设主路以外，同时整合轨道交通等大规模公共交通系统和停车场空间，以对地面交通缩减和停车场空间的减少

进行补偿。而节约出的地面空间为构建一个具有混合公共服务功能的景观廊道提供了可能。

案例4-5 西班牙巴塞罗那环路系统（Cinturón）

巴塞罗那环路系统被认为是现代城市快速路在景观和公共空间友好型设计方面的典范（图4-14）。它涉及巴塞罗那城市路网的重组，同时强调对20世纪70年代由于城市产业转型而产生的大量土地碎片和边缘地带进行整合再生。在这一过程中，它除了解决城市的交通流动性问题，更是巧妙地利用自身巨大的体量，结合地形高程的设计，创造了一个可以容纳多种公共功能的加厚城市表面，串联了大量已有和新建的城市公共空间，率先构建了一个城市基础设施与公共空间的复合网络，并作为巴塞罗那城市转型重构的强力支撑。

巴塞罗那环路系统注重对多层次城市空间的复合利用，采用了多样的空间断面形式。这些道路断面都结合具体的城市环境条件进行了复杂而精心的设计（图4-15），主要将城市过境快速交通安排在相对较低的空间层，地面层主要设置宽度较窄的慢速机动车道路，尽可能创造更多的公共空间，软化道路边界，增强道路两侧城市空间的联系性，使城市的快速路成为一条公共空间的廊道。

利特若步行道（Litoral Promenade）（图4-16、图4-17）利用了下沉环路与城市间的空隙地带，重新建立城市与海洋间的联系。步行道的下方被设计成停车场，地面空间的设计也相对灵活，可以为未来的城市转型提供多样的可能性。步行道中穿插于植物带中的平台向大海的方向微倾，并通过连续变化的双色铺装带来引导人们视觉朝向大海，让使用者不容易察觉到与海滩间下沉环路的阻隔。位于城市密集区的拉格兰维亚大街（La Granvia）（图4-18），地面道路悬挑于下沉快速路之上，在满足下沉道路光照和通风需求的同时，降低道路宽度，从而降低噪声，并留出更多的公共空间，作为城市的活力发生器。

图4-14 巴塞罗那环路和周边开放空间系统（李倞绘制）

4.2.3.2 交通节点与景观的结合

道路周边和高架路的下层产生了大量的城市荒废空间。它们由于缺乏明确的使用功能和必要的服务设施，成为城市的"非正规"景观空间，通常作为城市停车场，或处于闲置的状态，是没有得到充分利用的宝贵的城市资源。可以结合这些空间的特征，有意识地降低道路对空间的负面影响，改善空间的环境条件和安全性，并赋予合适的功能，使其成为独具特色、富有活力的新的

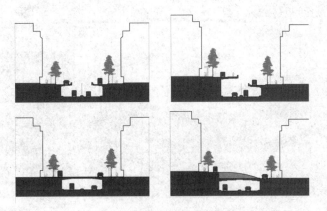

图4-15 巴塞罗那环路断面图

（李倞改绘自Barcelona：The Urban Evolution of a Compact City）

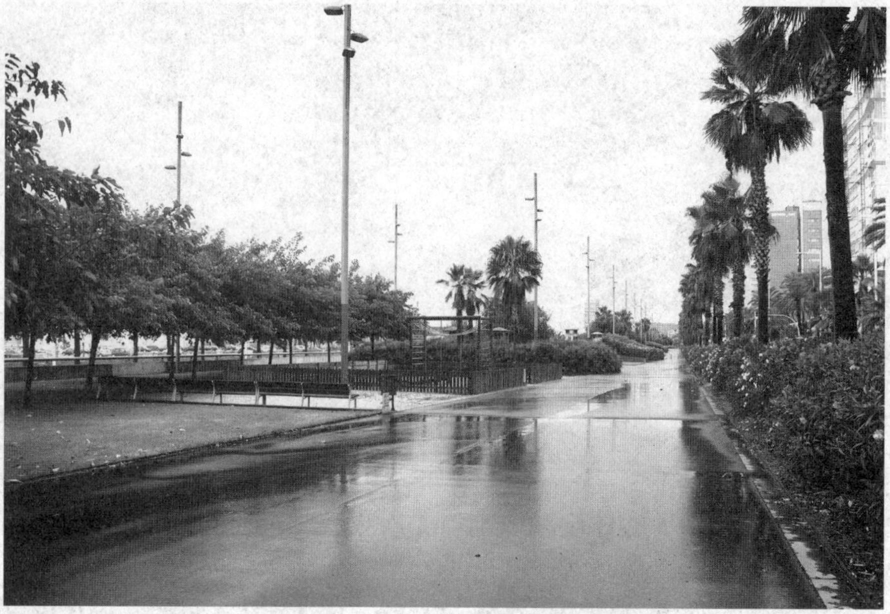

图4-16　巴塞罗那利特若步行道（李倞摄影）

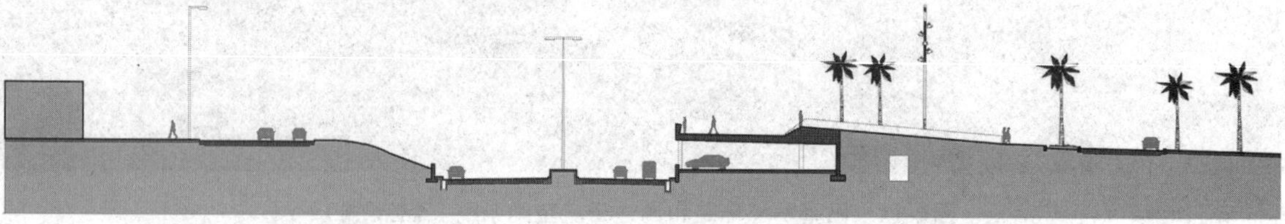

图4-17　巴塞罗那利特若步行道横截面图（李倞绘制）

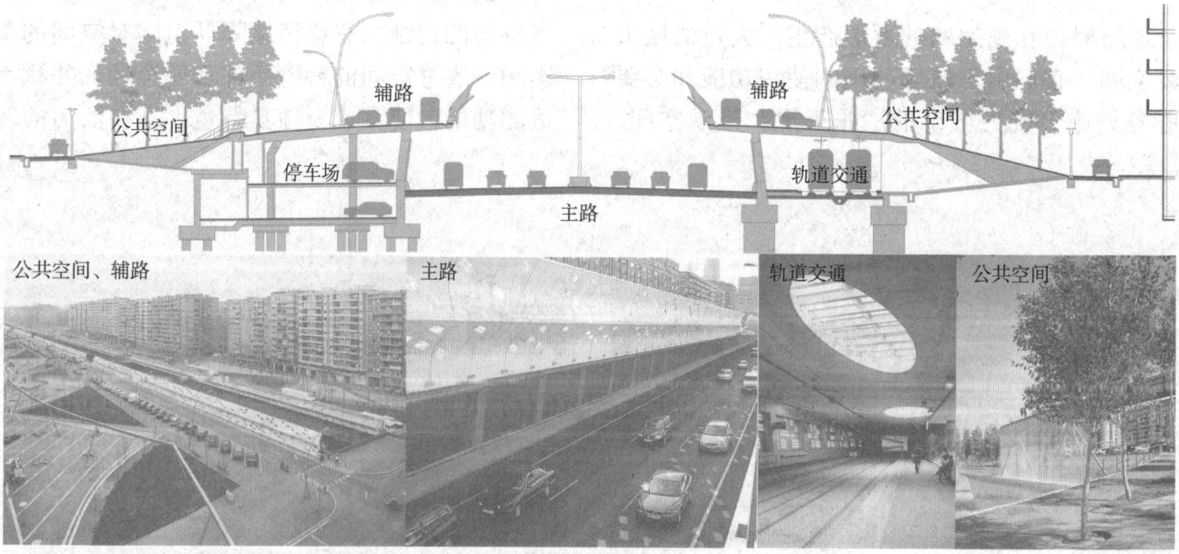

图4-18　巴塞罗那拉格兰维亚大街道路断面图（李倞绘自Arriola & Fiol Arquitectes）

城市公共空间。

同样，交叉口是快速路与各等级道路联系的重要交通枢纽。为了满足各个方向的快速交通连接，这类交叉口通常采用互通式立体交叉模式，匝道保持在两车道以上，桥区的占地面积通常都比较大。巴塞罗那快速路交叉口的设计也在尝试与景观节点相结合，预先考虑了周边绿地作为公共空间的使用要求，在保证交通安全的前提下对交叉口的交通流线设计进行了优化。一些重要区域的交叉口周边绿地已不再单纯发挥防护和形象展示的功能，还强调了便捷的可进入性，最大化降低机动车的影响，提供相对舒适的公共体验，成为一系列具有独特个性的公共空间。

案例4-6 巴塞罗那特立尼泰特立交公园（Nus De La Trinitat Park）

特立尼泰特立交公园位于巴塞罗那环路立交桥的中心，是一个占地约 $6hm^2$ 的圆形区域。场地是由多条城市快速路围合而形成的立交桥附属空间，自身面临一系列问题，包括巨大噪声和污染、道路雨水的大量汇集、空间缺乏明确功能、进入困难和不安全性等，成为一个消极的城市空间。

Batlle I Roig Arquitects 事务所没有将这片区域单纯作为道路的防护绿地，而是希望通过设计创造一个具有公共使用功能和良好环境的绿色开放空间。设计师用一条圆环形的步行展廊将整个公园分为内、外两个部分。在展廊外围是 9 排树木列植形成的缓冲林带，在内侧围合了一个环形水池和一片草坪台地。环形建筑和地形结合林带形成了高速公路与公园之间一个连贯的过滤屏障，将高速公路的噪声和污染有效地阻隔在公园以外。而密植树带和水池也成为了公园内的背景，从环岛内部根本看不到快速路上的机动车，噪声也基本感受不到。中央草坪区成为一个不受外界干扰的舒适环境，可以满足健身、休闲、聚会等多种公共功能的需求（图4-19）。最终，整个公园已经转变为一个积极的城市空间，成为巴塞罗那绿色开放空间廊道的一个重要节点，与周边绿地系统建立了紧密的空间联系。

案例4-7 巴塞罗那光辉广场（Park Placa de les Glòries）

光辉广场是近年来巴塞罗那立交桥改造的标志性工程，也显示出了一种新的发展趋势——将一个传统的交通枢纽转化成一个依托高品质开放空间并具有整合城市功能作用的公园综合体。在将近160年的发展过程中，光辉广场被不断地设计，从具有象征性的古典中央广场、机动车普及后的巨型立交桥系统，再到奥运会时期采用的高架环路与绿地相结合的模式（图4-20）。这些演变恰好反映了巴塞罗那在追求交通流畅和区域活力平衡中不断探索的过程。由于光辉广场一直没有达到预想的城市中心地位，仍然存在着阻隔视线和人行交通、地块分散等问题，尤其是对于区域发展的促进能力一直不够理想。2015年，原有立交桥被拆除。地面空间的连续性被进一步优化。绿色空间成为一种空间功能的黏合剂，与交通、建筑用地之间的边界也变得模糊，呈现出一种更加有机的深度融合形态。与快速路的空间组织模式相似，快速的互通联系被埋入地下，地面空间重新回归公共属性。光辉广场的设计不再仅仅强调公共活力，而且体现出了一种明确的城市中心的再自然化趋势——恢复生物多样性，促进垂直和水平的水、生物流动，建设人与自然交流的设施。

4.2.3.3 割裂城市空间的景观缝合

城市道路对城市最明显的影响之一就是在建立区域之间交通连接的同时，由于难以穿越而成为割断其两侧空间和功能联系的屏障。重建被道路切断的区域联系也可以通过建设跨越道路的公共空间，形成一个绿色的连接，将分散的衰落地带重新联系起来，为周边区域发展注入新的动力。它不仅仅是满足交通连接的需要，也是作为自然生态、城市功能和社会经济的连接体，可以成为具有优美环境、多种综合公共功能的城市开放空间平台。

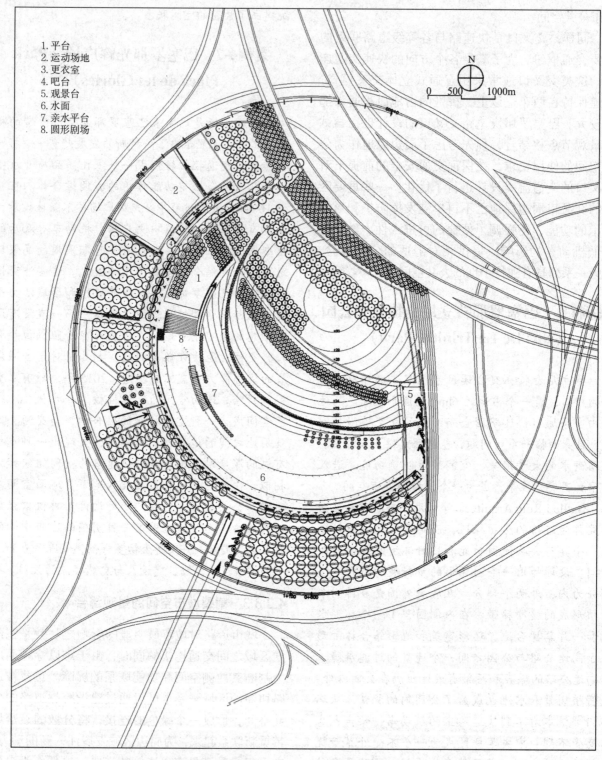

1. 平台
2. 运动场地
3. 更衣室
4. 吧台
5. 观景台
6. 水面
7. 亲水平台
8. 圆形剧场

图4-19 巴塞罗那特立尼泰特立交公园平面图（引自Batlle I Roig Arquitects）

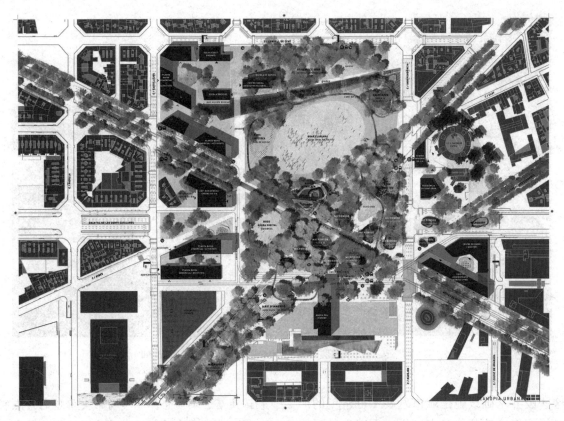

图4-20 巴塞罗那光辉广场平面图（引自Agenceter）

案例4-8 美国西雅图奥林匹克雕塑公园（Seattle Olympic Sculpture Park）

西雅图奥林匹克雕塑公园紧邻艾略特湖，从城市向下逐渐延伸到湖滨，一条城市铁路和一条城市干道从场地中穿过，将其分割成为3个相互分隔的区域。Weiss Manfredi 事务所采用一个跨越2条交通基础设施的"之"字形绿色连接平台，将3块土地重新联系在一起，并使城市和艾略特湖也重新连接，成为城市新的标志性景观（图4-21）。

整个公园设计了长约670m的连贯步行线，人们可以在城市中心与滨水区间自由地行走。自公园最高点的艺术博物馆开始，逐渐向湖边延伸，提供了多种不同的观景视角，跨越高速公路的平台能让人们远眺到奥林匹克山，跨越铁路的区域则可以将西雅图城市和艾略特湖区景色尽收眼底，最后可以靠近湖边近距离体验湖光美景。

公园还巧妙地实现了建筑与自然环境的融合。建筑将成为城市新的公共艺术中心，户外环境成为一个公共艺术品的露天展台，临湖区域通过木桩和碎石创造了一个多样的自然栖息环境，为整个区域注入了新的公共活力。

4.2.4 再生景观：废弃基础设施的再利用

4.2.4.1 废弃交通基础设施的景观再生

在城市的发展过程中，经济生产模式、社会生活方式、城市发展思路和空间结构的转变都将引起城市基础设施的改变，致使城市基础设施总是处于不断的更新变化之中。许多基础设施由于在空间布局，或者使用功能上已经很难满足现代城市的需要而被逐渐更新取代，从而导致大量的城市基础设施产生功能性衰退，逐渐被废弃闲置，如废弃的城市道路、码头、铁路、车站、机场、水库、水渠、堤坝等。

图4-21　美国西雅图奥林匹克雕塑公园（引自Weiss Manfredi）

这些废弃基础设施是城市发展不可避免的产物，在很多城市中往往分布广泛。而城市景观规划设计方法的运用可以在这些废弃的基础设施空间中找到新的发展潜力，实现变废为宝。通过利用基础设施的废弃空间，结合其原有特征，解决存在的污染、不安全因素、活力丧失等多方面问题，综合协调限制性因素，在改善城市环境的同时，赋予多种类型的城市公共使用功能，重新诠释其在现代城市中所发挥的作用，成为现代城市发展的新机遇。

案例4-9　美国纽约布鲁克林桥园（Brooklyn Bridge Park）

布鲁克林桥园位于纽约东河的布鲁克林一侧，面对曼哈顿岛，总占地面积约34hm²。在历史上，这里曾是纽约重要的工业港口，随着产业转型，区域港口逐渐衰落。2002年MVVA开始对这条长2.1km的后工业滨水区进行设计，营造了一条连贯的滨水慢行空间，串联了一系列公共空间，将曼哈顿大桥、布鲁克林的6个码头、富尔顿渡轮码头和帝国商店、烟草仓库等具有历史价值的景点联系在一起，赋予了公园新的公共使用活力（图4-22）。

过去，滨河空间被高架公路和废弃码头所占据。由于受到城市快速路的影响，设计师在靠近高速一侧设计了高大的地形，并向东河逐渐降低，有效降低了噪声对滨河公共空间的影响，同时，良好的空间围合使居民可以更好欣赏东河的景色。连贯的慢行系统增强了场地与城市的休闲联系，并将一系列公共空间串联在一起。这些公共空间主要在原有码头设施上开展设计，难点在于要在现有结构基础上，利用新的工程技术，创造有吸引力的公共使用场地。这些码头平台被设计成具有不同功能的空间，有草地休闲区、运动场、自然植物园等，产生了奇特的体验效果。

河岸修复也是桥园设计的一个重要工作。沿河岸主要采用抛石的修复手段来抵御水流的冲击。同时，在堤坝内部恢复了湿地，通过对抛石部分区域的开口，允许水流在涨潮期流入内部湿地，模拟了自然水文的动态变化（图4-23）。原有的一些码头废弃的木桩等也得以保留，为鸟类创造了栖息地环境。

图4-22 纽约布鲁克林桥园码头公共空间（李倞摄影）

图4-23 纽约布鲁克林桥园水岸生态修复（李倞摄影）

4.2.4.2　垃圾填埋场的景观再生

城市生产和生活不可避免地产生大量的固体废弃物。长期以来，垃圾填埋场是处理城市固体废弃物的主要途径，在城市中普遍存在。目前，城市垃圾填埋场一般对未经处理的垃圾采用填埋的方式进行处理，占用了大面积的土地，并对环境造成不同程度的污染，随之产生一系列的环境问题。垃圾填埋场通常会造成附近区域生态进程的停滞甚至彻底破坏，在垃圾处理的过程中，也会产生噪声、灰尘、臭味以及污染物扩散等问题，成为居民无法忍受的危险地带。随着现代城市化的快速发展，城市产生的固体废弃物总量也在不断增多。而且，随着城市的进一步扩张，许多过去在城市郊区建设的垃圾填埋场已经逐渐接近城市建成区。针对全国668个大中型城市进行的调查统计显示，2/3的城市都不同程度地受到了垃圾影响，处于"垃圾围城"的困境。

城市垃圾填埋场可以被重新定义为城市中重要的空间资源，通过与城市规划、环境工程、生态防护、公共政策等学科进行合作，运用生态景观策略和整体协调的方法，对垃圾填埋场进行再生设计，重点控制和治理污染，重建稳定的可自我维持的生态系统，激活场地停滞的生态过程；并运用大尺度景观规划的方法和地形塑造手段，重新挖掘其作为多功能公共空间的潜力。

案例4-10　美国纽约清泉公园（Freshkills Park）

纽约清泉公园（Freshkills Park）的前身是占地面积约900hm^{2}的垃圾填埋场。它在改造以前是当时世界上最大的垃圾填埋场，由于长期受到垃圾堆积的影响，这里的自然生态环境受到了严重破坏。2001年，纽约市决定将垃圾填埋场进行封闭，改造为新的城市公园。詹姆斯·科纳（James Corner）在保护场地内数量众多的溪流和大面积滨河湿地的基础上，综合分析了影响场地的自然、社会、经济等多元动态力量，提出了一个长达30年的景观再生计划——"生命景观（Lifescape）"。

整个设计方案将一个严重影响周围环境，处于休眠状态的基础设施转变为一个新的超大型城市生态公园（图4-24）。通过与生态专家

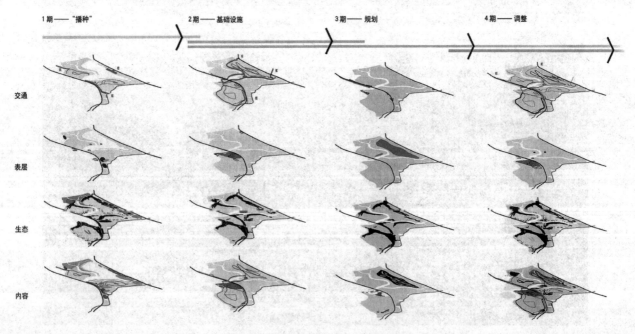

图4-24　纽约清泉公园过程设计分析（引自Filed Operations）

的合作,设计师在整个场地中构建了3个相互联系的功能系统:线性系统、岛屿系统和基底系统。线性系统包括植物群落带、道路交通网络和截水排气沟渠等,共同构成了将整个区域联系起来,具有生态传导和流通功能的网络;岛屿系统是场地内的斑块,除了可以作为动植物保护的栖息地,也作为未来承载公园公共项目和功能服务设施的安置区域,与线性网络相连接;基底系统是整个垃圾填埋场新的生态系统重建区域,其中垃圾山被一层高密度隔离膜包裹,并在表面进行覆土,种植多年生草本和木本植物,重新开启区域的生态进化过程,逐渐向自然开放空间演化。

纽约清泉公园成为城市垃圾填埋场再生的一个新的典范。它被重新赋予了作为一个城市空间的功能活力,为自然生物、社会文化生活和休闲运动娱乐等提供了多样而巨大的空间资源。它不是一个静态的方案,而被作为一个动态的过程,综合考虑了自然、社会等多方面的效益。通过有意识的引导,不仅通过自然演替,逐渐恢复整个场地的生态环境并推动其持续健康运转,而且通过灵活的使用策略使公园的使用者可以参与推动公园的发展,也使其能够朝着满足更加多元的社会功能需求发展,成为城

市新的再生活力空间。

4.3 城市景观网络案例——北京"京张铁路绿廊"规划设计

4.3.1 项目区位与背景

京张铁路由詹天佑主持修建,是中国首条不使用外国资金及人员、由中国人自行设计并投入营运的铁路,1905年开工,1909年建成。为保障2022年北京冬奥会的顺利举办,带动京张两地的联动发展,京张高铁在京张铁路旧址上沿线修建。京张高铁北京城区段约9km采用地下隧道的方式,既有地面铁路不再使用。基于原有线路带状区域,本项目整合生态环境建设和周边功能业态的更新,形成一条通往城市中心的绿色廊道,一条北京城市绿色空间网络的重要纽带。

规划设计范围北至北五环,南至北京北站,靠近中关村高科技园区核心区、奥林匹克中心区,周边分布有清华大学、北京林业大学、北京航空航天大学、北京交通大学等多所高校和多处科研院所,连通五道口、大钟寺和西直门等大型商圈(图4-25)。

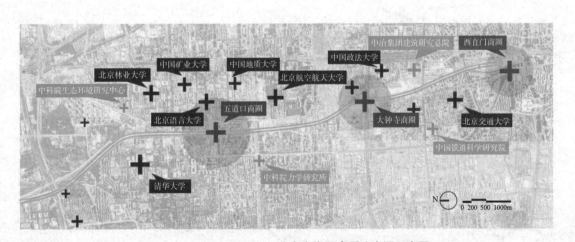

图4-25 北京京张绿廊周边资源示意图

4.3.2 目标定位与规划策略

4.3.2.1 目标定位

京张铁路绿廊规划定位为 9km 的城市五彩活力绿廊，未来将成为北京的城市历史文化名片，也是城市"留白增绿"建设的重要成果。这条贯通多个城市空间的连续慢行廊道，从城市中心延伸至郊外，缝合了因铁路阻隔形成的城市肌理，助力民生改善和全民健身。

4.3.2.2 规划策略（图 4-26）

（1）留白增绿：重建城市中的自然系统基底

充分利用原有铁路用地的空间基础上，拆除整理周边的废弃建筑物，全部拓展为绿色开放空间，形成郊区通向城市中心的绿色廊道，并与周边的城市绿色开放空间相衔接，为场地多功能复合利用留出空间。

（2）增补生活设施：引入公众活动的氛围

立足于周边居民日常游憩、交往活动的需求，通过建设无障碍廊道，增设能提供运动健身、艺术创意和文化民俗展演类活动的场地，促进绿色公共空间活力的提升。

（3）修复破碎生态：构建适应变化的韧性海绵系统

建立贯穿整个廊道的近自然线性空间，修补场地内的生物栖息地和生境，形成动物迁徙的通道及具备韧性的雨洪与通风廊道。

（4）恢复历史记忆：重塑现代基础设施的文化记忆

通过保留、修复和重新布设原铁轨沿线的信号灯、枕木等重要遗存，串联起展现京张铁路文化的艺术性轴线，使绿廊成为展示民族精神与国家近代化工业历程的重要窗口。

（5）改善交通循环：构建串联互通的城市慢行系统

绿廊建设联通了东西两侧的慢行和机动车道路，形成能容纳多种慢行交通方式的城市交通走廊，改善城市的交通微循环和居民出行环境。

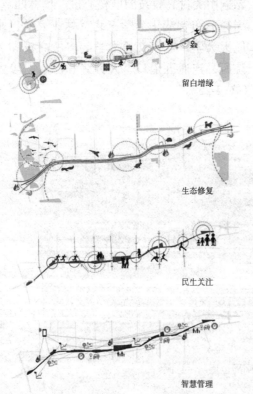

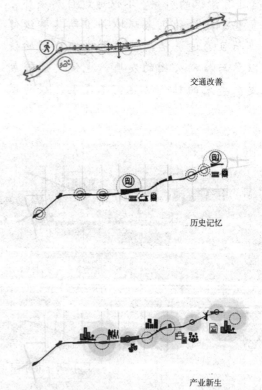

图4-26 北京"京张绿廊"规划策略示意图

（6）促进产业新生：催化社区和区域的发展

依托现有的历史遗迹，提升周边低效利用的建设区域的潜力价值，建设铁路文创园区，与现有多个商圈串联形成活力产业链。

（7）加强智慧管理：打造动态智慧的现代科技绿廊

建立覆盖整个绿廊的大数据监测系统，实时提供交通、生态、活动等信息，打造智慧绿廊，实现资源的高效利用。

4.3.3 分区规划与设计

绿廊规划分为4个分段，从北至南依次是北五环—红杉国际段、红杉国际—北四环段、北四环—北三环段和北三环—北京北站段，形成三线、四段、多点、五区的规划结构（图4-27）。

4.3.3.1 北五环—红杉国际段

北五环—红杉国际段北靠北五环立交桥，西邻地铁13号线，地铁向西为清华大学，东邻京新高速，高速以东为东升八家郊野公园。该段地铁13号线紧贴地面，东西两侧均有防护绿地围合，

阻隔了两侧交通，日常交通堵塞较为严重。

设计方案通过重新整合绿廊两侧空间，打开绿地围栏，提升绿色空间环境，增设穿行于郊野环境中的多条慢行交通通道，并结合京张铁路历史的展示设施，成为京张高铁绿廊的门户区（图4-28、图4-29）。

4.3.3.2 红杉国际—北四环段

红杉国际—北四环段包含五道口商圈和清华东路西口、五道口两个地铁站，瞬时人流集散压力大，步行空间环境较为混乱。场地周边分布多所高校、写字楼、居住区、商圈等，活动和交往空间缺乏，难以满足场地多样人群的需求。

此段设计旨在突出城市活力，将绿廊步行空间与五道口地铁出口直接衔接，划定更为明确的慢行交通空间；清理高架桥下低效利用的停车场，改为开放、易于步行进入的文化活动和体育休闲场地，在服务周边商圈商务人群户外交流及日常休憩的基础上，增设周边高校文化交流活动场所，也可承载周边居民日常游乐、健身活动，形成功能综合的五道口活力节点（图4-30至图4-33）。

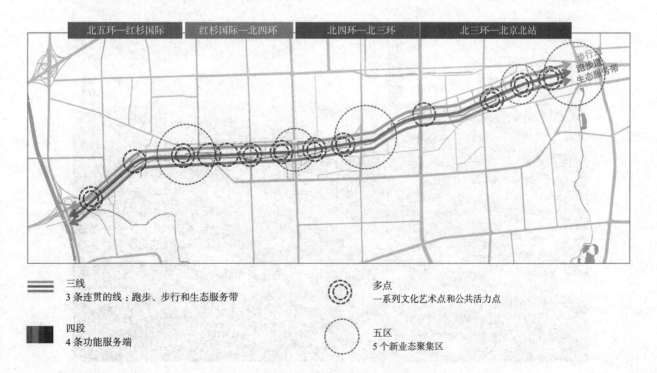

三线
3条连贯的线：跑步、步行和生态服务带

四段
4条功能服务端

多点
一系列文化艺术点和公共活力点

五区
5个新业态聚集区

图4-27　北京"京张绿廊"总体规划结构图

图4-28　北五环—红杉国际段现状鸟瞰图

图4-29　北五环—红杉国际段设计鸟瞰图

图4-30 红杉国际—北四环段现状鸟瞰图（1）

图4-31 红杉国际—北四环段现状鸟瞰图（2）

图4-32　红杉国际—北四环段设计鸟瞰图（1）

图4-33　红杉国际—北四环段设计鸟瞰图（2）

4.3.3.3 北四环—北三环段

北四环—北三环段两侧为多所高校、科研机构与高新技术园区，以及部分老居住区，沟通东西两侧交通的道路不足，日常拥堵非常严重，公共休闲活动空间也严重不足。

设计中，此段场地充分保留了原清华园车站及原铁轨路线，部分旧建筑改建为铁路文创街区，部分地下空间建设为文化演艺中心和停车空间，地面主要开放空间中集中布置了包括枕木、信号灯、拦木机等京张铁路遗存，同时连接东西向的机动车、非机动车和人行交通从场地穿过，在实现交通疏解的同时提升了场地活力，可为周边居民提供丰富的日常休闲活动和历史教育空间（图4-34、图4-35）。

4.3.3.4 北三环—北京北站段

北三环—北京北站段两侧现存多处老旧住宅小区，还有已停业的老百货商场、食品仓库、待拆迁的原海鲜市场等，空间紧凑，风貌较为混乱。场地南侧现存民国时期修建的西直门老火车站，保存完好；场地向南延伸可与二环绿道相接。

北三环—北京北站段设计针对未来周边产业升级后的需求，立足于将现有仓储等建筑更新改造为文创和商务空间，绿廊开放空间提供大量商务交往空间，同时也继续利用高架桥下等未原有低效利用空间，设置了桥下剧场、邻里花园等活动场地，在融入铁路文化的同时，丰富了附近办公人员、居民的日常生活（图4-36、图4-37）。

图4-34 北四环—北三环段现状鸟瞰图（1）

图4-35　北四环—北三环段设计鸟瞰图（2）

图4-36　北三环—北京北站段现状鸟瞰图（1）

图4-37 北三环—北京北站段设计鸟瞰图（2）

思考题

1. 城市景观网络的空间载体包含哪几个层次？
2. 景观基础设施相关研究的发展如何影响城市景观空间的组织与构建？
3. 渠化河道近自然化再生的方式和手段有哪些？

拓展阅读

[1] 现代景观——一次批判性的回顾. 2008. 特雷布. 中国建筑工业出版社.

[2] 西方现代景观设计的理论与实践. 2002. 王向荣, 林箐. 中国建筑工业出版社.

[3] 景观都市主义读本. 2010. 查尔斯·瓦尔德海姆. 中国建筑工业出版社.

[4] 论当代景观建筑学的复兴. 2007. 詹姆士·科纳. 中国建筑工业出版社.

[5] 景观基础设施：思想与实践. 2016. 李倞. 中国建筑工业出版社.

[6] 城市中小型渠化河道近自然化. 2019. 吴丹子. 中国建筑工业出版社.

第5章

城市景观规划设计分析方法与技术

全方位地认识人居环境的方法论，不是局限在狭隘的技术——美学范围内，而是包括融合建筑、风景园林与城市规划，植根于地方文化与社会直至覆盖心理范畴的多层次技术体系。

——吴良镛

城市景观规划设计是一个复杂而综合的过程。高水平的城市景观规划设计工作应立足于对设计环境的全面系统分析和正确的评价方法基础之上。规划设计方案的质量和可靠性，很大程度上取决于调查分析工作的顺利与否、原始材料是否齐备以及综合分析工作进行得是否有效。随着城市景观规划设计领域本身的发展演变与成熟，如今在处理宏观和微观的城市景观问题上，各种分析方法技术发展极为迅猛。本章首先介绍3种较为成熟的城市景观规划设计分析方法，分别是空间形体分析、场所文脉分析和生态分析方法；其次，详细介绍3个新兴领域的城市景观规划设计方法及技术，分别是基于城市新数据、空间句法分析和无人机遥感航测方面的内容。

5.1 城市景观经典分析方法

5.1.1 空间——形体分析方法

5.1.1.1 空间视景序列分析

这是一种围绕人对于景观的空间感受展开的空间分析技术。这一分析技术基于两个基本认知，其一是依托心理学相关理论，认为城市景观的空间体验从整体上由运动和速度相联系的多视点景观印象复合而成，但这一过程不是简单的叠加；其二是依托生理学研究，确立占人类全部感知信息60%以上的视觉信息为核心渠道来分析景观空间感受。

这一分析技术在许多重要的城市景观规划设计理论著作中得到阐述，其中公认影响最大的当属英国戈登·卡伦1961年推出的名著——《城镇景观》。卡伦认为，理解空间应不仅依赖静止的观看，还应通过运动中的体验来感受。因此，城镇景观不是一种静态情景，而是一种空间意识的连续系统。人们的感受受到所体验的和希望体验的东西的影响，而序列视景就是揭示这种现象的一种途径。卡伦本人则对一些案例用一系列极富阐释力的透视草图验证了这种序列视景分析方法。

其具体分析过程是：在待分析的城市空间中，有意识地利用一组运动的视点和一些固定的视点，选择适当的路线（通常是人群集中的路线），对空间视觉特点和性质进行观察，同时在一张事先准备好的平面图上标上箭头，注明视点位置，并记录视频实况，分析的重点是空间艺术和构成方式，记录的常规手段是拍摄序列照片，勾画透视草图和做视锥分析。在计算机技术普及的今天，还可利用虚拟模型或模型与摄影结合的手段取得更连续、直观和可记载进行相互比较的视觉感受资料，作为空间更新设计的基础（图5-1）。

空间视景序列分析方法高度注重城市景观空

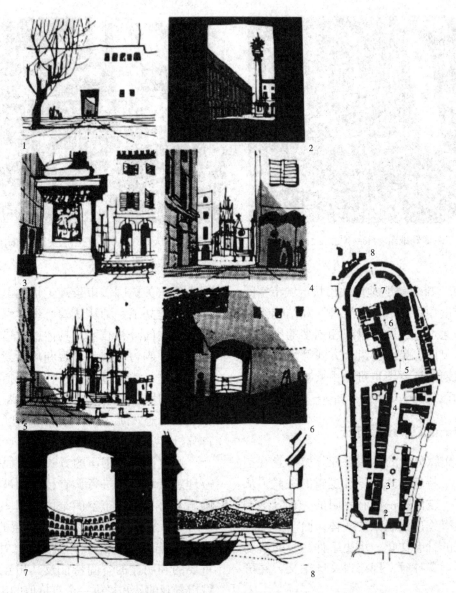

图5-1 "视景序列"分析示意图（戈登·卡伦，2009）

间体验的艺术质量，并期望以此提炼出城市景观规划设计的思想。但这种方法的运用也容易导致对视觉艺术和形体秩序的片面追求，从而可能忽视城市内部空间结构及其城市内涵、社会、历史、文化等因素。

5.1.1.2 图底关系分析

城市景观从物质层面看是由建（构）筑物实体和外部开放空间构成的。任何城市的景观形态都具有类似格式塔心理学中"图形与背景"的关系，建筑物是图形，广场、街道、绿地等城市开放空间则是背景。以此为基础对城市空间进行的研究，称为"图底分析"。

这是一种简化城市景观空间结构和秩序的二维平面抽象，这一分析途径被诺利于1748年在罗马地图的绘制中率先使用，图中把公共空间中的墙、柱和其他建筑实体涂成黑色，而把外部空间留白，以清晰地展示建筑内部和外部空间的关系，而后这种方式也广泛运用到其他各类城市空间的分析之中（图5-2、图5-3）。

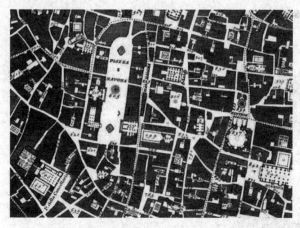

图5-2 罗马诺利地图（Moris A.E.J.，1994）

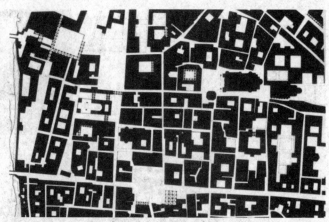

图5-3 意大利古城帕尔玛图底关系（Moris A.E.J.，1994）

"图底分析"能够鲜明地反映出特定城市空间格局在时间跨度中所形成的"肌理"和结构组织的交叠特征，通过它，城市景观相当多的空间形态特征，包括尺度、界面、组合方式等均可清晰地表达，其规划设计意图也可以由此被清晰地描绘出来（王建国，1997）（图5-4）。

5.1.2 场所——文脉分析方法

场所——文脉分析的本质是探寻城市景观空间的文化及人文特色与规划设计逻辑的关联。从物质层面而言，空间是一种有界限的、有容纳空间的并与其他事物广泛联系的实体，而当其承载或关联了特定的社会文化、历史事件、人的活动及其他地域要素条件时，即获得文脉意义，并可称为"场所"。

5.1.2.1 认知地图分析

20世纪60年代，凯文·林奇及其研究团队根据人们有关美国城市景观记忆的测验进行了调查分析，建立了一种从认知心理学领域中吸取的城市景观空间分析技术，具体过程借鉴了社会学调查方法，成为对城市景观和场所意向准确、有效的认识途径。通过研究，林奇概括出今天大家已经熟知的城市意象五要素，即道路、边界、区域、节点和标志（凯文·林奇，2011）（图5-5），其具体分析方法如下。

通过询问或书面的方式针对民众的城市景观心理感受和印象进行调查，鼓励被调查者本人勾画出其心目中城市空间结构的草图，并将其应用于分析。这种认知草图就是所谓的"心智地图"（mental map）：该地图可以识别出对于体验者来说重要的和明显的空间特征及其相互联系，从而为城市景观的认知提供一个有价值的出发点。

认知意象的获取方法借助于认知心理学和格式塔心理学理论，其分析结果直接建立在民众对城市景观的空间形态和认知图式综合的基础上。在实

图5-4 相同尺度下传统城镇与现代城市的形态特征比较

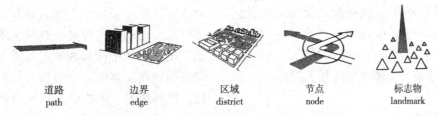

道路 path 　边界 edge 　区域 district 　节点 node 　标志物 landmark

图5-5　城市意象地图五要素（根据资料绘制）

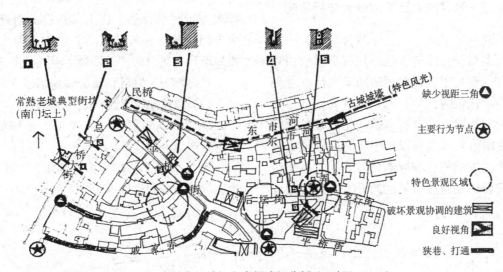

图5-6　常熟南门外坛上空间注记分析（王建国，2004）

际操作中应注意，由于人各有异，所以受试者需达到一定数量，以便归纳、概括出基本共同之处，找出心理意象与真实环境之间的联系。这一工作通常应在训练有素的调查人员的组织指导下进行。

5.1.2.2　空间注记分析

所谓注记，是指在体验城市景观空间时，把各种感受（包括人的活动、建筑细部等）诉诸图面、照片和文字记录下来，形成关于城市景观空间诸特点的系统表达。在具体运用中，常用的注记观察方法有3种（图5-6）。

①无控制的注记观察　观察者可以在指定的城市景观地段中随意漫步，不预定视点，不预定目标，甚至不预定参项，一旦发现认为重要的、有趣味的空间就记录下来。注记手段和形式也可任意选择，但有时会有许多无用的信息干扰观察者的情绪。

②有控制的注记观察　这通常是在给定的地点、参项、目标、视点并加入时间维度的条件下进行的。有条件的还应重复若干次，以获得"实践中的空间"和周期使用效果，并增加可信度和有效性。例如，观察建筑物、植物、空间及其使用活动随时间而产生的变化（一天之间和季节之间的变化）。其中空间使用观察最好还要具备周期的重复和抽样分析。

③部分控制的注记观察　指介于两者之间的注记，如规定参考项而不定点、不定时等。就表达形式而言，常用的有直观分析和语义表达两种，前者包括序列照片记述、图示基数和影片，但一般情况下，以前者为基础，加上语义表达作为补充。语义可精确表述空间的质量性要素，数量性要素及比较尺度（如空间的开敞封闭程度、居留性、大小尺度及不同空间的大小比较、质量比较等）。

就形式而言，对于城市景观的分析通常有分析图、表格和文字注记。图和照片是记载信息、揭示对城镇景观刺激反应的有效又便捷的途径。同时，图和照片本身也常是调查者思想的表达，以视觉语言加上书面或词汇的评论辅助，或直接与文字结合以更准确、完整地表达景观特征。

5.1.3 生态分析方法

5.1.3.1 麦克·哈格的生态规划设计分析思想

美国的麦克·哈格在《设计结合自然》一书中强调了人类对于自然的责任，强调自然价值观优先的城市景观规划设计特别适用于大尺度规划设计实践中。他认为，从生态学角度看，城市形态的生成极大程度上来自对自然演化过程的理解和响应，在城市景观规划设计中应高度重视自然为城市发展提供的机会和限制条件。因此，无论是风景区建设还是新城市社区的开发，其规划设计的工作基础都应该首先获得规划区及其周边环境有关土地的各种信息，并将土地上的自然过程视为规划设计中所需利用的最重要的资源。通过对各种自然过程的逐一分析，如有价值的风景特色、地质情况、生物分布情况等都表现在一系列图上，再通过图层叠加分析上述信息的关联性，可以实现每一块土地的生态特征都用这些价值指标来进行科学评估，找出其适宜的用途。这种以生态因子分层分析和地图叠加技术为核心的景观规划设计方法也称"千层饼"模式（图5-7）。

具体而言，基础信息大体包括以下。

（1）自然地理因素（自然力和自然过程）

地质：基岩层、土壤类型、土壤的稳定性、土壤生产力等；

水文：河流及其分布、洪水、地下水、地表水、侵蚀和沉积作用等；

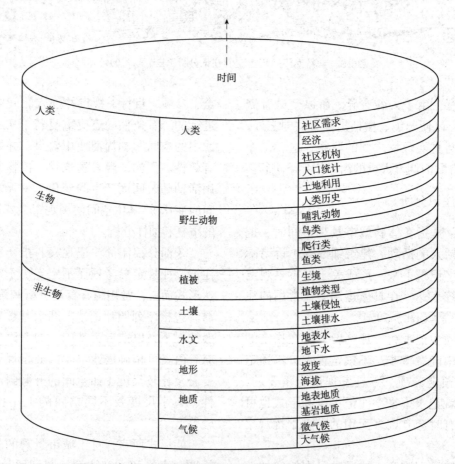

图5-7 麦克·哈格"千层饼"模式示意图（麦克·哈格，2006）

气候：温度、湿度、雨量、日照和云量、流行冬季和夏季风，降雨及其影响范围；

生物：生物群落、植物、鸟类、陆生动物、鱼及其他水生生物、昆虫、生态系统的价值、变化和控制。

（2）地形地貌因素（地表结构和特征）

土地构造：水陆地外貌、地势、坡度分析；

自然特征：陆地、水石、植被、景观价值、观赏价值；

人为特征：区界、交通、建筑设施、场地利用、公共建筑。

（3）文化因素（社会、政治和经济因素）

社会影响：社区财力物力、社区居民的态度和需求、附近社区利用情况、历史价值；

政治和法律约束：行政范围、分区布局、法规细则、环境质量标准及其他政府控制因素；

经济因素：土地价值、征税结构、地区增长潜力、场地外改善要求、场地内建设费用、耗利比率。

根据规划的目标，还可增加其他有关项目信息，以及在此基础上深入分析获得的一系列派生信息。分析的过程中，先对各种因素进行分类分级，构成单因素图。再根据具体要求用叠图技术进行叠加或用计算机归纳出各种综合分析图。把单因素图层用重叠技术（overlay technique）进行叠加，就可得各种综合分析图（composites）。麦克·哈格采用的方法是把单因素图拍成负片，用负片进行重叠组合，再翻拍成负片即得综合图。现在图层分析与综合过程已用计算机代替，既减轻了人工反复制图的工作量，又提高了综合分析图的深度和精确度。

5.1.3.2 景观生态学分析方法

景观生态学（landscape ecology）最早由德国学者 C. 特罗尔在 1939 年提出。它是通过景观的生物组成成分与非生物组成成分之间的相互作用，综合研究景观的内部功能、空间组织和发展规律的学科。景观生态学将土地镶嵌体（land mosaic）作为研究对象，研究其景观空间格局变化的过程，尤其是以"斑块（patch）—廊道（corridor）—基

质（matrix）"模式为理论基础，为较大尺度城市景观规划的空间分析提供新的研究方法（图5-8）。

斑块也称为缀块，泛指与周围环境在外貌和性质上不同，并具有一定内部均质性的空间单元。这种内部均质性是相对于外部环境而言的。斑块包括植物群落、湖泊、草原、农田和居住区等，因其大小、类型、形状、边界以及内部均质程度不同会显现出很大的差异。

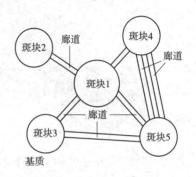

图5-8　斑块—廊道—基质概念模型

廊道是指景观中与相邻两侧环境不同的线形或带状结构。常见的廊道包括农田间的防风林带、河流、道路、峡谷和输电线路等。廊道类型的多样性导致其结构和功能类型的多样化。其重要结构特征包括：宽度、组成内容、内部环境、形状、连续性、与周围斑块成基底的作用关系。廊道常常相互交叉，形成网络，使廊道和斑块与基底的相互作用复杂化。

基质是指景观中分布最广、连续性也最大的背景结构。常见的基底包括森林基底、草原基底、农田基底、城市用地基底等。

景观格局是由自然或人为形成的、一系列大小、形状各异、排列不同的景观要素共同作用的结果，是各种复杂的物理、生物和社会因子相互作用的结果。景观格局也深深地影响并决定着各种生态过程。斑块的大小、形状和连接度等，均会影响景观内物种的丰富度、分布及种群的生存能力和抗干扰能力。

景观生态学的分析方法是基于景观的结构，包括其组成单元的特征及其空间格局，探讨空间异质性、尺度和生态学过程的关系。

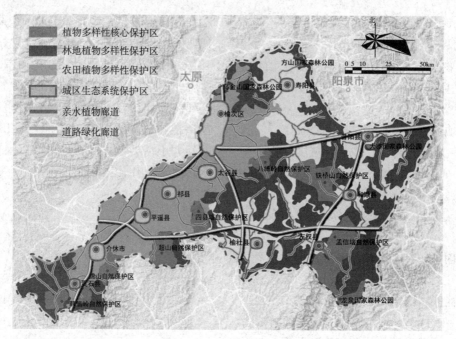

图5-9　基于景观生态过程控制的晋中市植物多样性保护规划空间结构图（引自北京林业大学园林学院）

对于景观空间格局的分析方法通常包括格局指数方法和空间统计学方法两大类。前者主要用于空间上非连续的类型数据分析，后者主要用于空间上连续的数值数据分析。因此，我们可以通过文字、图、表和景观指数等途径来完成景观格局数量化，从而更清楚、客观地描述景观格局，建立起格局与过程之间的相互联系。

景观生态安全格局理论认为：景观生态的过程中存在着某种潜在的空间格局，它们由一些关键性的局部、点及位置等构成。由于这种格局对维护和控制某种生态过程起关键作用，所以称为安全格局（security patterns）。人们通过对生态过程潜在的表面空间分析，可以判别和设计景观生态安全格局，从而实现通过人为的规划和设计，对城市景观要素的生态过程进行有效控制（Forman R.T.，1995）。

麦克·哈格的叠加分析方法与景观生态学中"斑块——廊道——基质"模式和景观生态安全格局等相关理念相辅相成、互相支撑，逐步发展成为当代较为成熟的主流宏观尺度景观规划方法体系，这一体系被城市规划设计师广泛应用于专业领域。例

如，晋中市植物多样性保护空间规划，就是基于景观生态过程控制这一理论，应用"斑块——廊道——基质"模式的一个实际案例（图5-9）。

5.2　新时代城市景观调查分析新技术Ⅰ——基于城市新数据的调查研究方法

随着信息技术与互联网技术的迅猛发展，由大数据、开放数据等共同构成的城市新数据已成为重要的发展方向和研究领域，在多个学科都发挥着重要作用。相比其他传统行业，城市新数据带给城市景观规划设计和研究的影响更为显著，促进了城市景观规划设计过程的科学化和精确化，使得各部门在数据及时获取与有效整合的基础上，能够及时发现问题，实时进行科学决策与响应，同时为公众参与提供了基础与平台。

5.2.1　城市新数据及其获取

城市景观规划设计工作需要大量基础数据，

传统的数据基本可以分为遥感测绘数据、统计数据、调查数据、规划成果数据等。这类数据往往存在数据获取成本高、及时性不强、精确度不足等弊端。

与传统数据相比，新数据具有精度高、覆盖广、更新快、更多元等特征（表5-1），它不仅意味着更大的数据量，更反映了关于人群行为、移动、交流等活动的丰富信息，这与"以人为本""存量更新""自下而上"等当代城市景观规划设计理念不谋而合（龙瀛、毛其智，2019）。

一般认为，新数据是由大数据和开放数据共同组成，这二者具有不同的概念（表5-2）。

大数据（big data）起源于21世纪以来互联网信息技术的迅猛发展。一般认为，大数据可定义为不用随机分析法（抽样调查）这样的捷径，而对于采用计算机技术所能取得的全部样本数据，其特征可以由"5V"来表达，即volume（数据量）、variety（多样性）、velocity（速度）、veracity（真实性）、value（价值）。大数据的类型十分丰富，

但目前已真正投入城市景观规划设计相关分析的还十分有限，是一个具有极大拓展潜力的领域。

开放数据（open data）指的是一种经过挑选与许可的，不受著作权、专利权以及其他管理机制所限制的，开放给社会公众自由出版使用的数据，数量一般也非常巨大，但仍是一种非全样本数据。例如，商业网站数据、地图开放平台数据、社交媒体数据、政府政务公开数据等。

城市空间新数据可以通过多种途径获取：①通过淘宝、猪八戒、iDataAPI等平台的购买服务获取；②通过人工采集获取，如对照电子地图补充更新已有数据等；③利用网络爬虫技术获取数据，也有一些基本的数据抓取软件和小工具，如火车采集器、微博数据抓取程序、百度路况识别提取工具等；④一些组织也会定期分享一些数据和软件，如北京城市实验室（BCL）、GeoHey等组织。

由于大数据的产生依赖互联网应用产品和服务，对于普通用户而言，地铁刷卡记录数据、手

表5-1 新数据环境与传统数据环境的比较

数据类型	新数据环境	传统数据环境
数据体量	体量大，并可在不断挖掘中持续增加	体量较小，主要为一次性统计
数据类别	类别多，包含各种行为活动数据	类别少，多数为建成环境指标
数据来源	更多元，来自企业、研究组织、社交网站、智慧设施等	较为有限，多为政府部门或专业测绘、调查机构等
数据空间尺度	尺度覆盖更广，区域、城市、街区、建筑层面均可	一般受行政区域限制，如区县、街道办事处等
数据时间尺度	更新快，时效性强，一般每时每刻均可更新	静态数据为主，统计时长一般须预先设定
数据精度	精度更高，可涉及单个的人或设施	精度有限，以总体描述和抽样描述为主
价值取向	更加以人为本	偏于以地为本

表5-2 新数据类型及典型数据

数据类型		典型数据
大数据（近似全样本数据）	LBS数据	手机信令数据等
	浮动车数据	车载GPS数据、公交刷卡数据、地铁刷卡数据等
开放数据（非全样本数据）	政府政务公开数据	国家数据、北京市政务数据资源网等
	地图开放平台数据	百度地图、腾讯地图、Open Street Map、Sightsmap等
	社交媒体数据	微博、微信、知乎、豆瓣等
	商业网站数据	大众点评、安居客等

机信令话单数据、出租车轨迹数据等政府或国资背景公司的数据都难以获得。因此，在整个数据获取的过程中，常常需要与互联网机构建立良好的合作机制。

5.2.2 典型大数据分析及在城市景观研究中的应用

下文以公交智能卡为例进行介绍。

城市公交智能卡大数据是乘客每日乘坐公交车和地铁刷卡所产生的数据，一般记录了持卡人的部分个人身份信息、上下车车站、上下车时间、线路等信息。由于用户群的庞大，为从城市出行角度来研究城市景观形态等问题提供了前所未有的海量样本信息。同时，此类数据具有时间和空间两个维度，因此也支持从时间维度来展开的分析，使空间分析的精细化程度进一步提升。

在城市景观相关调查研究中，将获得的这些数据从这两个维度进行数据处理、数据分析，不仅可以对城市公共交通系统自身的运行与管理进行分析，还可以有效地完善对城市空间结构、各种用户群体的出行行为、各种城市功能场所的可达性与相互关联性等方面的研究（李方正、李婉仪、李雄，2015）。

案例5-1 基于公交刷卡大数据分析的北京城市绿道规划

基于对北京中心城区为期一周的7000万余次刷卡记录，对数据进行可视化处理（图5-10），分析居民日常出行行为规律，对应分析市民出行目的（日常通勤需要、游览休闲需要、购物需要等）并进行深入数据挖掘分析，建立市民出行空间分布特征和绿道潜在连接区域的耦合分析，创新性地以城市人口出行分布规律作为绿道选线依据。规划中的绿道系统不再局限于对绿地的串联和生态功能的强化，而是以城市线性或面状斑

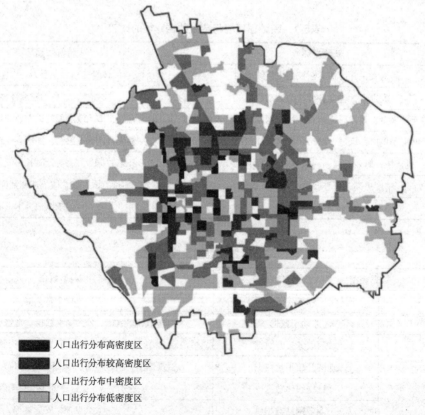

人口出行分布高密度区
人口出行分布较高密度区
人口出行分布中密度区
人口出行分布低密度区

图5-10 基于公交刷卡大数据的北京市中心城区人口出行分布规律叠加图（引自李方正等，2015）

块为依托载体，具有生态、景观和文化等综合功能，同时将城市商圈、居住社区、公共服务设施和绿地等重要空间连接，为市民提供便捷的通行方式的一种绿色开放空间。在大数据的支持下，通过选取交通线路或已有绿地等作为城市绿道线路的载体，优先串联高使用频率区域，充分发挥城市绿道对各高使用频率区域的组织串联作用，旨在方便市民通过绿道出行，以绿色出行方式快速便捷地到达商圈、就业地、公共服务设施和绿地等多种目的地，形成绿道规划的建议，以实现绿道满足居民日常的多方面的使用需求，最大化地为居民提供方便出行的绿色空间（图5-11、图5-12）。

5.2.3　典型开放数据分析及在城市景观研究中的应用

下面以社交网络为例进行介绍。

随着互联网和移动社交工具逐步深入人们的生活，大量的社交网络大数据，也越来越直观地反映了海量人群在各种城市景观空间中活动的分布特征、活动类型及强度（密度）。随着当下针对城市景观空间的研究正从空间特征分析转变为公众使用分析，而基于社交媒体网络所产生的各类数据分析，能够更充分地表达公众的主观使用意图和感受，在开展空间使用分析、了解公众使用需求等方面具有极大的优势。其中较为常见的数据源包括微博签到数据和大众点评数据等。

（1）微博签到数据

微博是较为普及的社交网络方式之一，位置签到是其中的一个重要功能，具有空间性、时间性和社会化属性信息，它记录生活轨迹，体现了一个地点的受欢迎程度，反映了人的日常生活行为。位置签到数据多集中在城市，并以大众签到的兴趣点（POI）为主要表现形式。数据获取方式

图5-11　北京市中心城区绿地分布图（李方正等，2015）

图5-12　基于公交刷卡大数据分析的北京市中心城区绿道规划建议图（李方正等，2019）

是获得 OAuth 认证和授权后，通过微博开放平台提供的接口（API）* 获取数据资源。

分析和研究位置签到数据可以更好地把握城市空间结构、探索城市的商圈及变化，进而能够协助解决城市公共交通、资源配置、规划决策等问题。

（2）大众点评数据

大众点评是中国领先的本地生活信息及交易平台，独立第三方消费、点评网站，为用户提供商业信息、消费点评等信息，数据获取可以通过 API 抓取，也可以通过火车采集器等软件抓取，可采集大众点评等商家列表信息，包括商家名称、点评数、地址、推荐菜品以及口味、环境、服务的得分等属性。

目前，基于上述社交网络大数据的分析，可以较为准确地把握较大尺度城市人口居住和就业时空分布、交通出行 OD 特征、公共开放景观空间的使用状况、使用评价等，为城市景观空间的重构提供良好的依据。

案例5-2　利用社交网络数据研究城市开放空间使用状况

本研究通过一系列社交网络数据的分类叠加，主要包括微博签到数据、大众点评文本数据、路网、地图兴趣点（POI）、微信定位数据等，对山水城市安徽怀远城区主要公共空间的使用状况进行分析研究。

研究从开放空间认知度、满意度、聚集度3个层面展开空间使用认知（图5-13至图5-15）。开放空间认知度体现了使用者在了解开放空间的基础上，该空间持续吸引使用者保持关注的能力。认知度通过筛选网络评价文本数据中对怀远城市中选定开放空间的关键词出现的频数、微博定位开放空间的数量确定。

开放空间满意度体现了开放空间为公众使用者营造良好主观体验的能力，通过分析社交网络评论文本数据、网络参与调查等数据的语义情绪确定。实施步骤是先选定面向开放空间评价的情感词汇并进行分类与赋值，再基于各开放空间的评价文本进

---

*　API（application programme interface）是指各应用程序提供给开发者的一组接口，通过这些接口，开发者可以在自己的应用程序中调用各种功能和数据。

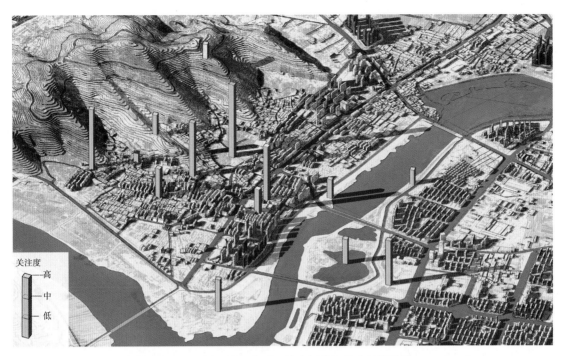

图5-13 怀远城区主要开放空间认知度分级柱状图

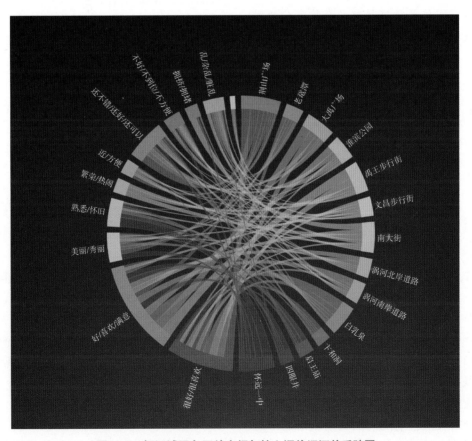

图5-14 怀远城区各开放空间与核心评价词汇关系弦图

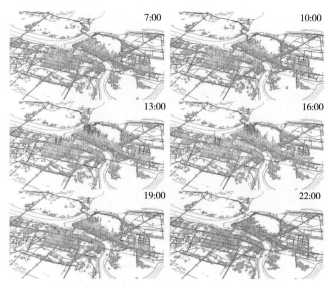

图5-15　怀远城区不同时段人群分布三维热力图

行关键词识别及赋值打分所得分数统计评价。

开放空间聚集度体现了开放空间吸引使用者到访的能力以及开放空间对人口的承载水平。聚集度基于微信空间位置数据接口，在特定分析时段抓取各开放空间中到访者的空间定位数据，并基于地理信息系统软件最终得到开放空间的人群热力分布状况。

由此，结合新数据分析手段，可以很好地构建一个旨在基于公众视角、关注公众使用、涵盖信息较为全面的城市开放空间使用综合评价方法体系，为上述空间的更新提升提供了有价值的设计指导。

5.3　新时代城市景观调查分析新技术Ⅱ——空间句法相关分析方法

空间句法（spatial syntax）最初创立的目的是描述建筑设计中选择不同的实体和空间构造可能带来的视觉和行为影响，其后空间句法应用于城市空间结构及空间中行人活动模式问题的研究。它显示出强大的分析力，使得空间句法理论逐步向城市空间分析发展。空间句法认为城市的形态产生运动，即城市的景观结构在很大程度上决定人在城市的行为，从而影响城市功能布局。

5.3.1　空间句法理论基础及应用意义

5.3.1.1　理论源起

20世纪50年代，空间句法理论的创始人比尔·希利尔（Bill Hillier）教授在对大规模公共住宅的研究中发现了很多社会问题来源于空间构成，因此，空间句法理论专门研究空间的组合方式以及人们应用这种组合的方式。

建筑与城市景观空间往往是连续而复杂的，我们一般既需要从"人看"的角度来体会各种局部空间，又需要从"鸟瞰"的角度来理解与认知整个空间结构。这个认知过程通常是直觉性的，一般很难用言语来精确说明整个空间结构或者描述空间这个客体，因此，如何精确而理性地表述空间形态是非常重要的。即使对于像北京内城一样看上去非常规则的空间形态，仔细观察也会发现诸多不规则、不对称的形态结构，"方格网"这个词也很难精确地揭示它的空间形态。

那么空间本身如何才能作为一种现象来研究？空间问题的核心在于空间之间的相互关联。日常生活中人们时刻都会用语言来描述空间关系，"在……左侧""在……之内""超过……200m处"等，但是这只能体现3个物体之间的空间关系，任何语言都无法准确描述出人们在城市景观尺度下遇到的更为复杂的空间关联。而空间句法始于对真实世界中的空间现象的研究，然后以此为基础来理解人类活动中的空间属性，其创新点在于以科学的方式去诠释空间规律。

空间句法的作用在于可以较为精确地描述空间本体与其他非空间因素的空间性，如比较空间形态与社会经济的空间分布之间的关系，从而探索设计者所能操纵的空间形态与各种功能要求之间的关系（王静文，2010；比尔·希利尔、盛强，2014；杨滔，2012，2017）。

5.3.1.2　应用意义

首先，空间之间的组合关系提供了一种描述

空间形态的方式，暗示了人类体验与使用空间的方式；其次，城市景观空间被认为是一个复杂系统，这种空间组合关系的研究在一定程度上解决了复杂系统研究中局部与整体的关联，也强调了从整体的角度分析空间形态。空间形态折射了一个"社会"运动的轨迹，它是复杂而有机的连续系统。每个城市特定的空间结构在一定程度上反映了建造城镇的过程、组织城镇社会的经历及与之相伴随的文化模式。通过分析"空间本体"，有可能发现形式与功能之间的关系，对它的研究不仅具有理论意义，而且具有指导规划设计的实践价值。

5.3.2　空间句法应用的基本方法

在调研城市空间时，需要既理解其表现出的空间模式，又要研究造成这种模式的地域性原则和过程。空间句法理论和方法通过4个步骤实现了这两个目的：①再现：根据研究目的的不同，空间句法提供了不同的抽象空间元素方式。②分析与结构：基于这些空间元素我们可以分析它们如何构成某种结构，并将这种结构以数字和色彩的方式展现。③模型：根据空间结构与使用功能之间体现出的规律性建立处理特定问题的模型，如交通强度和空间分布、公共空间使用特征和模式、犯罪率等。④理论：模型背后的普遍性观念，这将形成一种关于空间和社会的理论。后面两步"模型"和"理论"反映的是空间句法在城市空间分析之外的应用，由于涉及较深层次的城市规划理论和多学科交叉的实际应用，且部分较为新颖的观点仍存在争议，故在本书中不做过多讲解。以下着重解释"再现"和"分析"的过程，这是在城市规划和设计的调研阶段较为实用的部分。

（1）再现——将空间抽象概括为几何语言

首先应抛弃认为空间是作为实体的背景的想法，尝试去想象空间不是人类活动的背景，而是人类活动的一个本质方面：即人在空间中运动；人在空间中和其他人交往；甚至看待所谓的背景空间具有一个自然的、必然的空间几何形态。这个几何形态表现为如下几点：运动本质上是线性的；交往需要在一个凸空间内进行，这样所有的人才能看到其

他人；人们从空间的任意一点向四周望出，都能形成一个（尽可能大的）形状自由的（无障碍）视觉空间，称为无障碍视域空间（isovist）。总结来说，基于个人的空间体验，空间句法有3种将现实中的空间结构转译为空间句法模型的基本方式：轴线或线段、凸空间以及视域空间。

（2）分析与结构——计算机辅助分析几何语言反映的特征

通过分析，发现空间元素之间的关系，进而发现结构的基本方法。将空间量化分析通常需要借助计算机软件进行计算，现在常用的空间句法分析软件包括 Depthmap、Axwoman、Confeego、Syntax 2D 等，操作较为简单且易理解，如有需要可自主深入学习。以下介绍通过凸空间、轴线图以及视域空间概括和分析空间的具体方法。

5.3.2.1　凸空间（Convex Map）

空间句法的理论假设大多基于二维空间，即认为人是在平面上活动的，通过平面图来考察空间之间的关系。当一个空间内部任意两点均是可以互视的，即认为其是一个凸空间（图5-16）。对于不是凸空间的图形，可以将其转换为由多个凸空间组成的系统，从而形成"凸空间"以及"凸空间之间的连接关系"（图5-17）。在转换过程中将空间划分有多种方法，如三角形、矩形、六边形等，手动划分时只需要进行到一定的细致程度

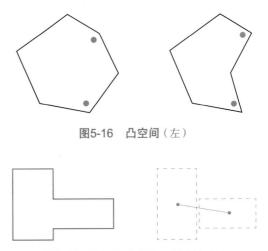

图5-16　凸空间（左）

图5-17　转换为由凸空间组成的系统

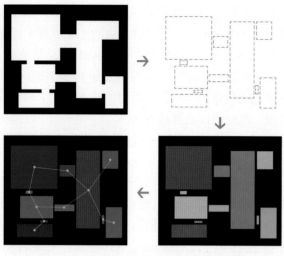

图5-18　用凸空间拆解并分析空间的过程

即可，但只要保证空间之间的连接关系正确，理论上凸空间可以无限地细分下去。

假设有如下城市空间，黑色部分是建筑，白色部分是开放空间，首先对其进行凸空间划分，然后设置各个空间元素之间的连接关系（图5-18）。计算机操作时，在AutoCAD内绘制好闭合的多边形后，将".dwg"文件导入DepthMap软件，会将其自动识别（或手动选择）为Convex Map。

空间句法应用拓扑学的方法来考察空间之间的关系。将上述假想城市空间的各个凸空间抽象为用圆代表的元素，不考虑空间本身而只考虑其相互关系，那么其拓扑图形可以重新绘制成多种形式（图5-19），这一过程称为"空间重映射

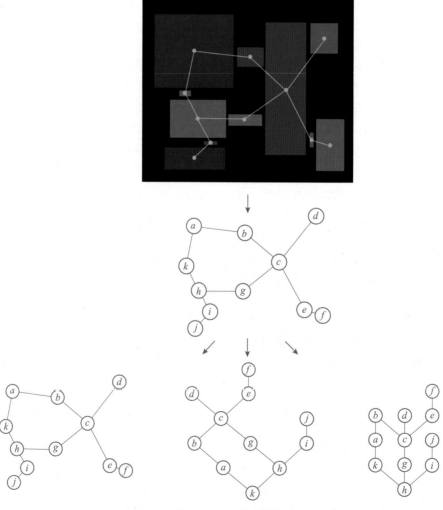

图5-19　空间重映射后连接关系不变

（relationship remapping）"。

一般把重映射之后位于最下方的元素称为"中心"，图5-19右下角的图称为"以 h 为中心进行空间重映射"，h 与 g 相距1步，h 与 b 相距3步……由此就可以考察"中心"（即我们需要分析的对象，如街道、城市公园、城市广场、大型商业中心等）对整个空间系统的全局深度、整合度等指标。

空间句法通过全局深度、整合度、选择度、协同度等指标数值表达空间之间的相互关系。

全局深度（total depth）指的是空间重映射之后从中心空间开始计算，把所有情况下由中心到其他任意空间所需要的拓扑步数相加所得到的中心的全局拓扑深度。全局深度反映了整个街区中任意空间到某一其他空间所需要转换的次数，次数越多，则深度值越大，该空间越不容易到达，其可达性也就越差，所以深度值是空间可达性的定量描述。

整合度（intergration）是空间句法理论的核心量化指标，衡量了一个空间吸引到达的交通的潜力，显示出一个空间对于其他空间聚集或离散的程度。整合度的数值越大，其空间的可达性越高，在系统中的便捷性越好。

选择度（choice）是指在空间重映射之后中心空间在穷极所有可能的情况之后出现的在中心空间系统中任意元素到任意另一个元素的最短拓扑上的次数。简单而言，较高的选择度说明单元空间被选择的频率越高，可以表示人群经过的次数较多，代表一个空间对吸引穿越交通较大的潜力。

协同度（synergy）可以用作衡量从一个空间所看到的局部空间结构能否有助于人们建立起整个空间系统的图景，也可以称为"智能度、可理解度"。

空间效率（space efficiency）这一变量结合了整合度和选择度，用于度量城市空间的使用效率，描述空间的活力程度。

5.3.2.2　轴线图（Axial Map）

轴线模型是用直线去概括空间，用直线之间的连接关系去替代原来的空间结构中的连接关系，即将空间结构转译为轴线图（图5-20）。建立轴线图的规则为：保持凸空间的连接关系不变，用最长且最少（longest and fewest）的轴线穿过所有凸空间。用直线概括空间后可以把轴线图抽象为一个拓扑结构（图5-21），并进行空间重映射进而计算整合度等指标。

轴线图也经常用来概括城市街道空间，用直线穿越街道空间的方法暗合人在外部空间的活动对空间转折的感受，人不是根据对实际路程距离的想象来识路，而是根据对道路彼此连接的几何想象来识路的。

在 AutoCAD 内手工绘制轴线图的原则：①交接处需出头，尤其是当轻移某一线段端点时，容易脱开与其相交其他线的连接关系；②对与空间的概括要准确，例如概括曲线街道、道路交叉口以及立交桥等复杂的交通空间时（图5-22、图5-23），往往是根据需要进行人为的不断调整，其轴线概括方法也非一成不变。

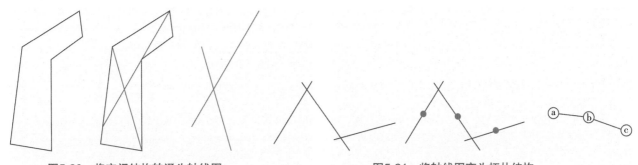

图5-20　将空间结构转译为轴线图　　　　图5-21　将轴线图变为拓扑结构

图5-22　曲线街道的处理办法

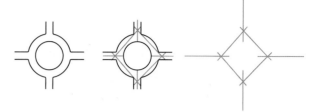

图5-23　平交转盘的处理办法

案例5-3　北京香山买卖街—煤厂街地段空间特征句法分析

买卖街—煤厂街地段是北京市香山公园入口与其主要交通站点间的过渡空间，是承载巨大的客流量和居民日常生活的形态复杂的历史街区。将地段内主要交通路线转译为轴线图后，将".dwg"导入 Depthmap 软件，分别了解其全局深度、整合度、协同度和选择度等指标。一般以颜色越接近红色表示值越大，颜色越接近蓝色表示值越小。

例如，分析全局深度可知，香山路、买卖街、煤厂街以及希龄路深度值最小，最方便游客到达；其余街巷多为居住街巷以及企事业单位院落，普遍保持了较低的可达性。而现状地块内路网较为稀疏，存在多处断头路和空置场地，在这样一个连接公共交通站点与著名风景区的门户地段，这样的情况导致其用地功能和旅游潜力的巨大浪费。同时，部分居住街巷过低的可达性也为居民生活带来了不便。通过空间句法分析可以更为准确地帮助研究者了解地段内高度复杂的空间现状，定位公共性较低和与外界连接薄弱的空间，为后续景观规划和设计提供科学指导（图5-24至图5-27）。

图5-24　依照卫星图绘制地段轴线地图

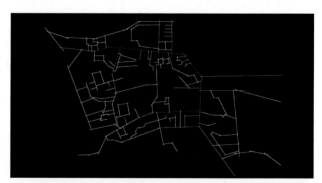

图5-25　买卖街—煤厂街地段全局深度分析

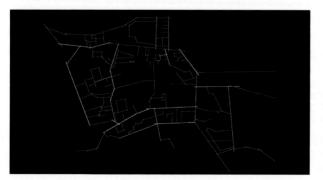

图5-26　买卖街—煤厂街地段选择度分析

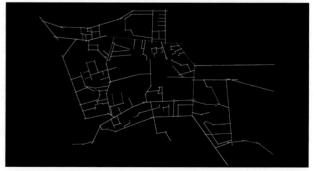

图5-27　买卖街—煤厂街地段整合度分析

5.3.2.3 视域空间

视域空间可以理解为由一个凸空间的核和由周边建筑环境界定的向外拓展的触角构成，是在观察点所处的平面上所能看到的区域（图5-28）。视域分析可以寻找空间的视域联系，分析空间的视觉属性、建筑物的控制力等。

在对于城市空间进行分析时，常以视线分析为主。视线深度是考察空间的重要指标之一。例如，在一条笔直的街道上，A点可以直接看到B点，则将这种情况称为"A距离B一个视线深度"；而A点不能直接看到C点，需先走到B点方可，这种情况称为"A距离C两个视线深度"（图5-29），此为最直观的视线深度关系定义。而人的视线是有范围的，因而大多数时候需要为视线所及的距离设置一个最远距离，并以这个距离来将所研究的空间划分为网格进行量化（图5-30）。

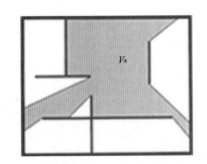

图5-28　在观察点V时的视域空间

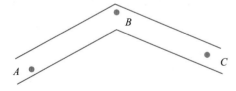

图5-29　视线深度定义

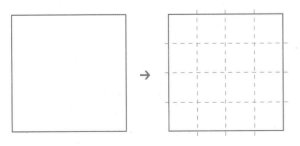

图5-30　将空间进行网格划分

例如，当假设最远视线距离为100m时，若D与E点相距大于100m，则认为D与E相距两个视线深度。除视线深度之外还有视觉整合度、可理解度、平均深度、连接度等其他衡量视域空间的指标。

视域是人性本能理解空间，并且无意识地反映在各种人造环境和社会聚集模式中的心理概念。视域对人的这类行为指导的结果就使人总是向具有更大视域的地方运动。当然，实际人流的运动还受到其他因素的影响，基于视域的人流运动不是完整的人流运动模型。

案例5-4　空间句法视域分析在北京模式口村仲宅的应用

空间句法中的视域分析法，是一种能够测量空间中人类视觉体验的几何特性的方法。这种方法表达为绘制于建筑平面图上的多边形，表示从观测点上的任何方向出发可见的空间范围。这种分析可以帮助分析空间的视觉联系、分析空间的视觉控制和影响，从而进一步理解空间的基本视觉属性。下面以北京石景山区模式口村仲宅为例，讲解空间句法视域分析的应用方法和分析结果。

第一步，根据卫星影像，绘制研究区域的边界及建筑轮廓线，将绘制好的闭合多段线以dxf文件格式导入空间句法软件，并生成格网（grid）。设置格网后，软件将自动生成VGA（Visibility Graph Analysis）图层，所有视线分析的计算结果将保存在这个图层上。第二步，点击fill工具，填充需要进行视域分析的区域（图5-31），在Tools-Visibility-Make Visibility Graph中生成可视性元素。第三步，在Tools-Visibility-Run Visibility Graph Analysis中运行视线空间句法计算，注意在该操作中，需框选Calculate visibility relationships下的两个选项，勾选Global Measures可以提供Visual Integration(视觉整合度)、Visual Mean Depth（视觉平均深度）、Visual Node Count（可看到的其他元素的个数）、Visual Relativized Entropy(相对视觉熵值)的计算结果。勾选Local Measures可以

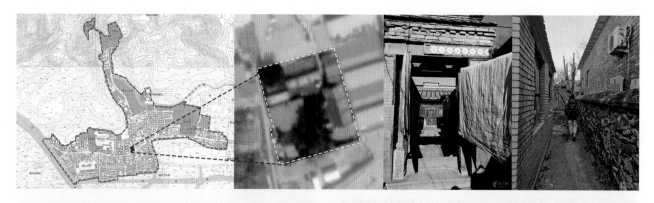

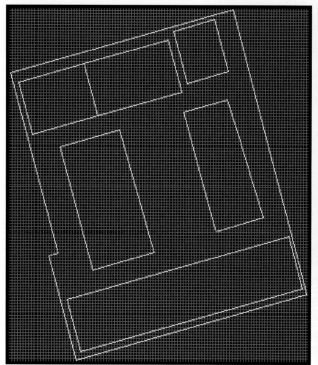 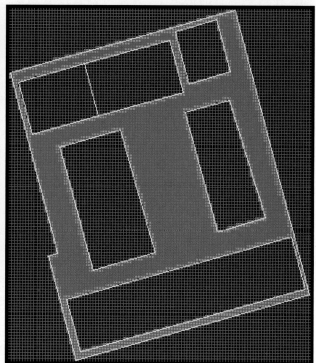

图5-31　仲宅现状、待分析仲宅建筑及边界轮廓线

提供 Visual Clustering Coefficient(空间边界对视觉的限定效果的强弱)，Visual Control(视觉控制范围的大小)，Visual Controllability(视觉控制力) 的计算结果。此处只需得到视域整合度 {（Visual Integration [HH]）} 结果（图 5-32），其他计算结果可根据研究需要进行尝试。

视域整合度是以视域深度值为基础，经过一系列算法得出的结果，理解视域深度，可点击或框选分析范围内的元素，在 Tools-Visibility-Set Depth 中计算所选高亮度元素的视域深度值，即以选取元素为基准向外看，到达全局中任一其他元素需要经过的视线深度（图 5-33）。

视域整合度高的空间单元最易形成人流的聚集，所以，单从空间组织结构的角度来看，仲宅两座坐北朝南房屋的周边是分析范围内最易吸引人流的区域 (图 5-32)。

上述每个几何概念都描述了我们如何使用或者体验空间的某个方面。这样，如何创造建筑物和城市，如何使用以及理解它们等问题的关键就在于建筑物和城市是如何按照这些几何概念组织起来的。例如，城市中的空间大部分是线性的，包括街道、林荫干道、林荫路、小巷等，城市空

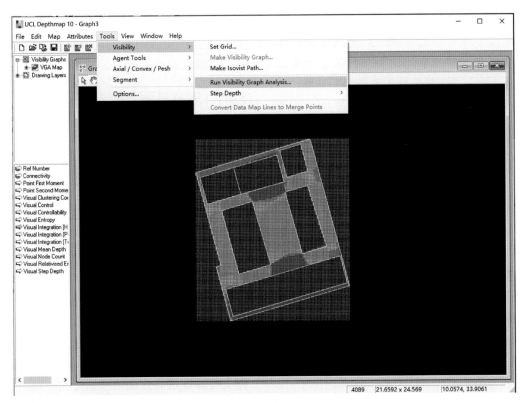

图5-32　仲宅视线整合度分析

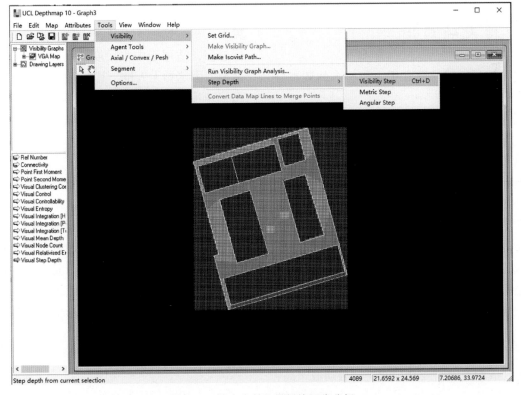

图5-33　仲宅中某位置视线深度分析

间也包括一些称为广场或者公共开放空间的凸空间，并且这些空间的功能都强烈地受到它们的无障碍视域空间的特征影响。这种几何语言构建了城市空间的语言，并能够反映人类活动和体验。

人类空间不仅仅是指个别空间属性，而是指很多空间之间的相互关联，它们构成了整个建筑或者整体城市的空间布局，称为空间的组构（configuration），即存在于各个局部之间能构成整体的关联。在空间句法中，组构不是简单地把两两空间之间的关联合计在一起，而是试图给出一张关系图解来概括整体的、复杂的关联是如何相互影响的。我们根据一个空间和其他所有空间的关联来定量地描述这个空间。空间句法就是运用组构来度量那些由建筑和城市构筑的不同的空间几何图形模式。选择线，还是凸空间，抑或无障碍视域空间，甚至一个点来作为分析元素，取决于研究需要针对哪部分功能。

5.4 新时代城市景观调查分析新技术Ⅲ——遥感航测和无人机技术的应用

下文以依托遥感航测和无人机技术的调查分析方法进行介绍。

遥感是以航空摄影技术为基础，在20世纪60年代初发展起来的一门新兴技术。开始为航空遥感（以飞机为平台），自1972年美国发射第一颗陆地卫星后，标志着航天遥感（以卫星为平台）时代的开始。航测是航空遥感技术中的一种，在测绘行业中是获取高程、空间坐标等地理信息数据的重要方法，其原理是通过对航拍照片的分析和运算恢复地面的光学模型，进而测定地面点的高程与坐标。在城市景观规划设计中频繁使用的卫星图、地形图、航拍照片等基础资料均来自上述技术。

早期的航测主要依靠载人飞机航拍，从飞行计划下达到成图有时需要2~3年，启动成本高、周期长、分辨率低、受云层影响大。与载人飞机

相比，无人机飞行成本非常低，自主性高，成果更新快，比较适用于小范围航测，也更适应现代社会高速开发的需求。

5.4.1 遥感航测与无人机技术简介

无人机最早出现于1917年的英国，最先多作为训练的靶机使用，20世纪60年代以后才逐渐应用于军事侦查与打击，20世纪90年代后随着无人机技术的成熟，中小型无人机开始逐渐开放到民用领域。现民用市场上常见的无人机遥感系统（UAV remote sensing system）主要由飞行平台系统、对地观测传感器系统、飞行控制系统和影像处理系统4个部分组成。

5.4.1.1 飞行平台系统

当前市场上的民用无人飞行器种类繁多且没有统一的分类标准，从动力、用途、结构、航程和飞行器重量等方面均可划分为不同类型。例如，按飞行原理和结构可分为固定翼、旋翼、无人直升机；按飞行器重量可以分为微型、小型、中型、大型。在规划设计行业中最为常用的是小型多旋翼无人机，这种无人机最大的特点是能够实现目标悬停，适用于中小尺度场地数据的采集；其次是小型固定翼无人机，其航程一般在几千米以内，飞行速度比旋翼无人机更快，飞行时间也更长，适用于尺度稍大的场地信息获取。

5.4.1.2 对地观测传感器系统

无人机作为一个新的飞行平台，能通过与不同类型的传感器组合，满足各个行业不同任务的需要，达到非常便捷实用的观测效果。由于市场上常见的民用无人机航测一般都使用小型无人机作为飞行平台，荷载较小，因此搭载的传感器多为小型传感器，如普通的非量测数码相机、小型机载激光雷达、小型多光谱影像仪、高光谱影像仪和热成像仪等。

5.4.1.3 飞行控制系统

无人机飞行控制系统由机载和地面两部分构

成，按控制方式可分为无线电遥控、预编程自主控制和编程与遥控复合控制 3 种。航测需要飞机在固定的海拔高度水平飞行，针对被测区域来回"U"型航线飞行，前后照片必须保证一定的重叠率，相邻航线照片也需保证一定的重叠率。因此，现在执行航测任务的无人机一般都属于复合控制型，通过遥控控制起飞与降落以适应复杂的工作环境，通过编程设置航线以满足精确的测量要求。目前，有一些辅助航线规划软件如 Pix4D capture、Altizure 等，可以下载在手机、平板计算机等终端，连接无人机对拍摄正射影像或倾斜摄影进行专门的航线规划，使没有编程基础者也能实现预编程自主控制，完成原本复杂的航测任务。

5.4.1.4 影像处理系统

目前市场上常见的商用无人机影像快速处理软件包括：Bentley Context Capture（Smart 3D）、Pix4Dmapper、Agisoft Photo Scan、Altizure、ENVI 等，还有许多研究机构和企业拥有自主研发的影像处理软件供内部使用。这些软件都能半自动或全自动完成影像处理，产出 DEM、DSM、DOM 及三维实景模型等成果。相较而言，Smart 3D 的三维效果更加逼真；Pix4Dmapper 产出 DOM 正射影像更为快速、准确。

5.4.2 无人机遥感在城市景观规划设计中应用

无人机在规划设计领域中的应用大体上可以分为航拍和航测两个方面。航拍是无人机最简单也最常见的应用方式，主要是使用消费级的小型旋翼式无人机拍摄普通的照片和视频，不用进行遥感影像处理，在规划设计任务中主要用于现状调研、现状分析、宣传视频拍摄等。航测是更具难度的应用方式，主要都是使用专业级无人机和传感器，其操作相对复杂，入门难度较大，涉及测量学、遥感、地理信息系统等多学科的知识和技术（李德仁、李明，2014）。

5.4.2.1 无人机航拍在规划设计中应用

无人机航拍只进行拍照、录影等初级操作，

产出成果较为单一，一般只有普通照片和视频。在飞行平台方面，主要使用的是消费级的旋翼式无人机，如大疆四旋翼小型无人机精灵系列、御系列；传感器方面，只需要最基础的单镜头数码相机就能满足任务需求；飞控系统方面，一般采用无线电遥控器作为操控平台，随机制定航线飞行。

就目前而言，使用最多的应用方式是拍摄鸟瞰照片和视频。鸟瞰视角可以提供常规视角不能看到的现状信息。传统的现场踏勘多是依靠手持相机对场地的局部进行拍摄记录场地信息，单张照片只能看到局部场景。用无人机可以拍摄场地现状的鸟瞰照片和视频，使景观设计师能够更全面地了解场地状况，进行现状分析。在项目建成后，鸟瞰视角的照片和视频对于项目的展示和宣传也十分有用，许多政府项目会用无人机进行宣传片的拍摄。

案例5-5 无人机航拍在宿迁为民河城市森林公园规划设计项目中的应用

在江苏宿迁为民河城市森林公园规划设计国际竞标项目（北京多义景观规划设计事务所）中，就在前期调研阶段大量使用了无人机航拍，使用的机型是大疆悟系列、精灵系列消费级无人机，传感器是普通的单镜头数码相机。通过在无人机航拍的现状照片上可以从更大视域中更清楚地发现设计场地各景观要素之间的关系及存在的问题，并在此基础上从多角度开展规划设计探讨。尤其是对于设计范围内最为复杂、最为重要但又难以到达实地踏勘的节点——黄河故道区的无人机航拍成果，通过对该节点多个季节时段、多个角度的持续航拍，使场地内不同季节的植被群落和生物多样性特征均清晰地展示在了设计师眼前，从而做出更科学、更准确的规划设计决策（图 5-34）。同时，大量基于航拍图像所绘制的现状分析图，可以使更多非专业、但深度参与该项目的各方人员更直观地了解场地状况，使参与式设计在一个更清晰的平台上推动。在最后的方案成果展示中，通过直接在航拍视频上做分析的方式，将规划分

图5-34 基于无人机航拍照片的现状分析图（引自北京多义景观规划设计事务所）

析、设计构思和深化的过程完整而有序地展示出来，形式新颖、表达清晰，与传统规划设计成果相比极大地增强了表现力。

5.4.2.2 无人机航测在规划设计中的应用

无人机航测相对航拍而言更为复杂，在飞行平台方面，由于需要搭载的传感器更为多样，对飞行平台的荷载和稳定性都提出了更高要求，一般使用的都是工业级的六旋翼、八旋翼无人机，或固定翼无人机；传感器方面，常用多镜头传感器以获得更多数据，常见的如五镜头数码相机；飞控系统方面，航测需要完全覆盖目标区域，并要求一定的图像重叠率，因此需要预先编程进行精确的航线设计，让无人机依照指令自主飞行，也可以借助飞行控制软件如Pix4D capture、Altizure等辅助进行航线设计。

航测在规划设计中的应用主要集中在传统航测、倾斜摄影、多种传感器遥感3个方面，经常用到的数字化成果包括：数字高程模型（digital elevation model，DEM）、数字地表模型（digital surface model，DSM）、数字正射影像图（digital orthophoto map，DOM）、数字线划地图（digital line graphic，DLG）、三维实景模型和特殊影像图等（图5-35）。

普通的航测只需要普通的数码相机已足够，测量高程等空间数据是通过空中三角测量的方法，不需要使用激光雷达等更高级的传感器也可完成。只需将航拍图像、控制点、无人机拍摄图像时的姿态以及位置信息导入影像处理软件进行自动处理，便可生成DEM、DSM、DOM等数字化成果。由DEM数据生成的地形等高线，是规划设计的重要依据，广泛应用于规划设计的前期分析中，径流分析、视线分析、地形分析等都必须依赖DEM数据，其应用方式和重要程度不再赘述。DSM是在DEM的基础上，包含地表建筑、树木等高度的高程模型，主要应用于一些需要测定建筑、树木等地表覆盖物高度的领域（韩炜杰等，2019）。

（1）传统航测的应用

传统的无人机航测以获得正射影像（DOM）为目的，采用像片倾角小于2°~3°的摄影方式，称为竖直航空摄影。传统无人机正射影像图是利用DEM对航片或遥感影像进行微分纠正、镶嵌、裁剪生成的影像数据，影像上有坐标、方位及尺寸等信息，可直接测量距离及面积，是一种同时具有地图的几何精度和影像特征的图像，因此，涉及定量的研究或者数据采集都必须基于正射影像。常见的应用方式有土地利用调查、植被调查、规划设计管理等。

图5-35 航测数字化成果（从A～D分别为分DEM、DSM、DOM、DLG）（引自济南赛尔无人机有限公司）

在设计施工管理上最经典也最常见的用法是叠加，通过叠加对比施工现场DEM和设计的DEM可以更精确地反映施工与设计的差异，叠加DOM和施工平面图可以检查施工上的错误（图5-36），施工方可以据此对施工进行适当调整，使其更贴合设计，提高最后成景质量。

（2）倾斜摄影的应用

无人机倾斜摄影技术是当前新兴发展的一项航测技术，这种技术在规划设计领域中主要用于生成三维实景模型。中国大陆第一次引进该技术

是在2010年，它改变了传统航测只能从垂直方向拍摄的局限性，其实质是在同一飞行平台上搭载多个传感器，同时从垂直、倾斜多个角度对地物进行拍摄，获取多个方位上地物的影像以便三维建模。如果说正射影像是带有平面坐标和尺寸的平面测量图，那三维实景模型就是带有空间坐标和尺寸的立体测量模型。数字化的三维建模是数字城市技术研究的重点之一，无人机倾斜摄影测量技术在规划设计中的主要应用是对场地的实景进行三维建模，现在已有许多人将这一技术用于

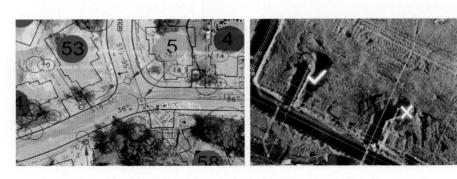

图5-36 施工现场DOM与施工平面叠加对比图（引自Skyhawkvision官网）

实践，并且已经商业化，现在多数无人机三维建模任务都由专门的无人机公司来完成。

建立精确度较高的实景三维模型需要多镜头的数码相机，单镜头相机虽也能通过环绕拍摄完成倾斜摄影，但工作量较大、精确度较低。一般来说，镜头数量越多，模型精确度越高。市场上常见的是五镜头数码相机，中间的镜头垂直向下拍摄可以获取DOM正射影像，四周的镜头则分别从4个方向进行拍摄获取多角度的地面影像，这种多镜头的数码相机通过一次航飞任务便可获取正射影像和倾斜影像等多种数据，性价比较高。搭载这种质量较大的多镜头相机也对飞行平台的稳定性和荷载提出了更高的要求。因此，倾斜摄影一般都是使用专业级的多旋翼或固定翼无人机。拍摄倾斜摄影的航线采取的是专用航线，要

建立三维实景模型，旁向重叠度需要达到50%以上，航向重叠度需要达到70%以上，航线的规划也可以通过Pix4Dcapture等软件完成。生成三维实景模型的遥感影像数据处理也使用Smart3D、Pix4Dmapper、Agisoft PhotoScan等软件，其原理也是根据控制点和POS数据进行空三运算，然后生成点云数据构建模型（图5-37）。通过倾斜摄影测量做出的三维实景模型可测量模型中任意两点的距离、任意区域的面积，是名副其实的数字沙盘，相较传统的手工建模和激光扫描建模，数字化的倾斜摄影三维建模更为经济、便捷，推广应用可行性大，在城市景观规划设计以及历史名城保护、建筑设计等领域均具有广阔的应用前景。

（3）多种传感器遥感

随着科学技术整体上的快速发展，除了常见

图5-37 三维实景模型生成过程（韩炜杰）

图5-38　无人机搭载多光谱仪对公园水体污染的监测（引自中国科学院遥感应用研究所）

的非量测数码相机，针对无人机设计的小型机载激光雷达、高光谱传感器、多光谱传感器和热成像传感器等更高级的传感器技术也逐渐成熟，在规划设计中也有所应用，但由于使用成本较高，行业内应用较少。

激光雷达可以获取超高密度的点云数据，完成比可见光数码相机摄影测量更精确的DEM、DSM和三维模型，也可用于树木测量、群落结构等的研究。建筑方面也有利用LiDAR对古建等复杂建筑物进行精确三维重建的应用，多出现于古建保护和精确建模等方面。多光谱成像仪和高光谱成像仪可以收集肉眼不可见的光谱信息，这些信息可以间接反映出植被的生物量、含氮量、叶绿素含量等生理功能性状，在植物、水体、生态方面的研究都有巨大的应用潜力，但同样，由于使用设备的高昂费用，其应用还多停留在研究阶段（图5-38）。

思考题

1. 试述不同的城市景观规划设计分析方法与技术在现实中应用的可能性和优缺点。

2. 试述数字化时代城市新数据分析手段在城市景观规划设计中的重要作用。

3. 尝试有选择地将一种或几种新技术应用于城市景观的现场调查与分析中。

拓展阅读

[1] 简明城镇景观设计 . 2009. 戈登·卡伦著 . 王珏译 . 中国建筑工业出版社 .

[2] 设计结合自然 .1992. I·L·麦克·哈格著，芮经纬译 . 中国建筑工业出版社 .

[3] 城市规划大数据理论与方法 . 2019. 龙瀛，毛其智 . 中国建筑工业出版社 .

[4] 空间句法的发展现状与未来 . 比尔·希列尔，盛强 . 建筑学报，2014（8）：60-65.

[5] 多尺度的城市空间结构涌现 . 杨滔 . 城市设计，2017（6）：72-83.

[6] 无人机遥感系统的研究进展与应用前景 . 李德仁，李明 . 武汉大学学报（信息科学版），2014（5）：505-513，540.

[7] 无人机航测在风景园林中的应用研究 . 韩炜杰，王一岚，郭巍 . 风景园林，2019，26（5）：35-40.

第 6 章

城市景观规划设计经典案例

城市本身是一个生命体，生命要往前走，一方面要保持它的基因，另一方面会有新陈代谢。规划设计师要以城市生命体的概念来规划设计，珍惜那些最重要的东西。

——吴志强

本章选取了 7 个近年来国内外水平较高、影响较大的城市景观规划设计实践案例，对其规划设计背景、理念和实施过程进行详细剖析，总结其经验和有价值的启示，以拓展读者的视野，体会城市景观规划设计工作的全面性和综合性。

6.1 英国伦敦国王十字区（King's Cross）更新

6.1.1 规划设计背景

国王十字区（King's Cross）位于伦敦内城偏北，地铁一环的边界地带。自 19 世纪中期起，随着国王十字火车站（King's Cross Railway Station）和圣潘克拉斯火车站（St Pancras Railway Station）毗邻落成，这里成为英国最重要的交通枢纽和伦敦工业运输的重要集散区（图 6-1）。第二次世界大战

图6-1　国王十字区位

以后，随着英国传统工业的衰落，这一地区大量厂房、仓库等均处于闲置状态，街区景象萧条，成为伦敦北部社会治安问题最为突出的地区之一。

20世纪80年代末，英国铁路公司（British Railways）曾计划对国王十字街区进行再开发，1987年由福斯特事务所完成了项目规划，但后因该街区遭遇地铁大火和英国房产危机而未能实施。1996年英法海底隧道（Channel Tunnel Rail Link）开通，圣潘克拉斯车站成为欧洲之星列车的终点站；同年，大伦敦政府的战略规划提出"中心城区边缘机遇区（Central Area Margin Key Opportunities）"概念（Argent，2005），将此处列入伦敦的优先发展地区。此外，随着《哈利·波特》一书风靡世界，书中进入霍格沃茨魔法学校的国王十字车站也因此闻名世界。在这样的背景下，国王十字街区更新计划正式启动，旨在恢复该地区的城市活力与重塑良好的景观形象，成为伦敦乃至全英国城市景观更新的标杆项目。

国王十字区更新计划是英国20世纪以来最大的都市更新计划，项目占地27hm^2，耗资22亿英镑，于2020年前后建成的新城市综合体，吸纳教育、医疗、科技、商务、居住等多种功能入驻

（图6-2）。此过程中既涉及较大规模的城市景观空间更新，也包含错综复杂的多方利益协调。在协调与博弈的过程中，体现出反复不断的"冲突与共识"，形成伦敦国王十字街区独特的更新经验。

6.1.2 实施过程

6.1.2.1 项目更新所解决的问题

国王十字区位于伦敦市中心偏北的肯顿区（Camden，图6-3），该区大部分为荒废了数十年的老工业用地，遗留下大量空置的工业建筑和相关设施，公共空间严重缺乏；且两座火车站前流线混乱，影响其作为交通枢纽的使用效率。作为肯顿区的中心地带，解决好上述问题对于国王十字区及其周边地区的协同发展至关重要。

6.1.2.2 项目总体更新过程

国王十字区更新规划设计的敲定跨越了近20年的历程。1989年，伦敦复兴联盟（London Regeneration Consortium）向肯顿区政府提交了第一份规划申请，与此同时，当地的一些社区团体也提交了以住宅建设为导向的规划申请。20世纪

图6-2　国王十字中心区新规划平面图（引自http://www.alliesandmorrison.com/）

90年代初暴发金融危机，更新计划搁浅。1996年经济好转后，圣潘克拉斯车站被选定成为多条轨道线路的交通枢纽站及欧洲之星的终点站。为补偿圣潘克拉斯车站全面更新提升的费用，政府决定给予开发商铁路沿线的土地开发权。这一由车站更新拉动的全面更新模式被英国《卫报》（*The Guardian*）称为"铁路的伟大赠予"（the great railway give-away，1996-03-01）。2007年圣潘克拉斯车站完成改造投入运营，2008年国王十字区的拆除整建工作正式展开。在肯顿区政府制定的远景规划中，国王十字区将实现综合发展，成为一个"微缩伦敦"——对游客、居民、就业者均具有吸引力，与周边城市区域紧密融合，实现整个地区的可持续发展。

6.1.2.3 更新策略及空间成果

国王十字区更新计划具体包括交通枢纽的升级利用、城市景观空间的修补、多元功能业态植入三部分。

（1）交通枢纽的升级利用

国王十字区两座交通枢纽（国王十字火车站和圣潘克拉斯火车站）的改造是更新计划的核心内容。圣潘克拉斯火车站改造中最大的变化在于将原来的巴洛克式顶棚以玻璃平顶形式向北延伸，使这座19世纪的维多利亚建筑变身成为可容纳13个站台的现代交通枢纽（图6-4、图6-5）。国王十

图6-3　国王十字区更新规划范围及周边环境

字火车站改造于2011年完成，包含了保留、修复和新建三部分工程：列车棚周边建筑予以保留；修复车站之前被遮挡的一级保护建筑立面；新建极富表现力的西大厅如同"跳动的心脏"，成为项目的核心（图6-6）。

图6-4　作为现代交通枢纽的圣潘克拉斯火车站
（李梦一欣摄影）

图6-5　圣潘克拉斯火车站改造成果（吴丹子摄影）

图6-6 国王十字车站改造成果

A.站台 B.西大厅 C.立面修复

河流、主要建筑

公共空间

新增东西向车行道

新增东西向人行道

新增南北向人行道

图6-7 新增流线

（2）物质空间的修补

国王十字区采用修复和织补的方法更新城市的公共景观空间：新增道路增强场地内外车行联系（图6-7），设计两条主要步道鼓励人们步行，利用半开放的室外空间增加行为活动的趣味性（图6-8）。计划构建贯穿场地南北的线性公共空间体系，串联主要节点；在区域边缘设置对外服务公共设施，满足周边需求（图6-9）。

2012年贯通的国王大道建立了一条跨越摄政运河的南北连接线，从国王十字车站和圣潘克拉斯车站开始，经过谷仓复合区，到达整个场地的南端。第二条线路沿运河自西向东建立了包括迁移后的储气设施和煤场在内的历史构筑物与谷仓复合区的联系。场地内重要的公园与广场有：跌落式水景周围环绕着草坪、花木和座椅的潘克拉斯广场；欧洲同类型广场中最大的城市开放空间之一的谷仓广场；绿树环抱、草坡绵延、灌木苍翠的刘易斯·丘比特公园；中心区储气设施经过改

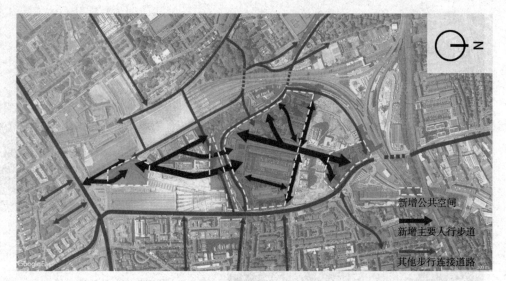

图6-8 新增人行流线

图6-9 公共空间分布

造设计的储气公园（Gas Holder Park）；位于运河边最东端，与运河流线相融相生的码头路（Wharf Road）公园（图6-10）。

（3）多元功能植入

国王十字区功能提升方面强调多元混合，以满足多对象、全时段的公众需求。以摄政河为界的南北两区分别以办公功能和居住功能为主，在建筑接地层均设置了大量的商业和服务业，具有良好的步行可达性。国王十字区更新完成后，将创造30座新建筑、20座翻新历史建筑、2000个

新住宅单位、10个公共公园广场、105 000m² 的公共空间、315 870m² 办公空间、46 452m² 商业空间以及3万个就业岗位。

6.1.3 借鉴意义

国王十字中心区的复兴，将城市景观空间的更新与地域历史文化、交通流线梳理和产业功能修复等多方面的考虑融为一体，是一个针对城市景观和功能破碎化地区的综合性解决方案。作为伦敦城市对外交通最重要的枢纽区域，国王十

字中心区一方面要符合世界性城市的头衔；另一方面也要满足当地民众的需求。因此，基于英国城市复兴的一系列理论，空间修复和功能织补综合运用的方法充分考虑了原有城市肌理和社区需求，在实现经济利益诉求的同时，兼顾为社区谋福利的公平原则。在此过程中，一方面通过对城市肌理的织补，提升作为交通枢纽的附属地块价值，加快人员流动，为火车站提供更完善的配套服务；另一方面，通过对城市机能的修复，加快当地经济发展，改善存在的问题，服务当地工商业及住户。

图6-10　国王十字区的公共绿地

A.运河沿岸　B.运河阶梯广场　C.潘克拉斯广场　D.谷仓广场　E.码头路公园

6.2 美国波士顿大开挖（The Big Dig）

6.2.1 规划设计背景

美国波士顿大开挖项目，全称为"中央干线/隧道工程（Central Artery/Tunnel Project，CA/T）"，是一个著名的跨世纪"马拉松城市交通道路改造工程"，因为巴拿马运河称为"大沟（The Big Ditch）"，因此人们称其为"大开挖（The Big Dig）"，也有人戏称其为波士顿的"永恒之掘"（图6-11）。

大开挖工程最早源于市政府一次失败的交通建设计划。20世纪50年代末，波士顿市计划修建一条贯穿城区的新型高架主干道，以缩短港口到市中心的路程。但这条高架公路在1959年建成后，因为影响市区内大量建筑的自然采光，引起市民不满。波士顿市马萨诸塞州交通部的弗雷德里克·塞尔沃斯随后在"大开挖"筹划阶段，提出把主干道"埋"到地下，并修建一条穿越波士顿湾的海底隧道以缓解通往洛根国际机场的交通压力的设想。1987年，中央干线隧道工程获得了联邦政府的财政支持，于1991年开工。

图6-11 波士顿大开挖项目总体鸟瞰图（引自https://www.rosekennedygreenway.org）

6.2.2 实施过程

6.2.2.1 项目更新解决的问题

波士顿大开挖计划（波士顿中心隧道工程）建设的主要内容是将高架快速干道全线埋入地下，以消除高速路产生的噪声、污染等对波士顿城造成的影响。然后在原高架路的地上部分建设一条绿色廊道，使之成为优美的城市公共景观空间。这个计划被认作缝合了波士顿市近半个世纪的"城市伤口"，旨在解决日益严重的交通拥挤与都市空间不足的问题，从而使城市废弃基础设施得到有机重生（图6-12）（李晓颖、王浩，2013）。

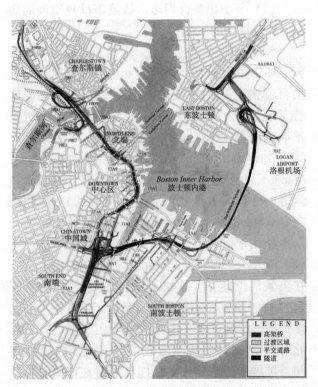

图6-12　波士顿大开挖规划总平面图
（引自https://seattletransitblog.com）

6.2.2.2 项目总体更新过程

该项目位于波士顿滨海地区约13km长的范围内，规划包括2个部分：①在现有高架路的地下，修建8～10车道的高速路，北端连接查尔斯河上的大桥，南端连接93号州际公路。地下高速路完成后将完全拆除高架路，地上的位置塑造公共空间，并适度开发。②将原90号州际公路南端延长，从市中心和波士顿港的地下打通隧道通往洛根机场。

该项目从1991年动工到2008年地上公共空间露丝·肯尼迪绿道公园（The Rose F. Kennedy Greenway）的建成，历时近20年，是世界城市景观规划设计史上一个跨世纪的神话，是美国历史上规模最大、耗资最多、工期最长、难度也较大的城市交通道路改造项目。在造价与工期上都是史无前例的，其中一段1/10英里（1英里=1.609km）的地下道路造价居然高达15亿美元，工程最终历时26年，花费150亿美元。"公众参与"环节的花费占整个工程造价的1/4——37.5亿美元。

项目拆除了原有的高架道路，改造了现有的交通体系，穿越波士顿城的时间从原先的19.5分钟缩至2.8分钟。通过修建绿道公园，把几十年被分割的城市街道和滨海景观重新连接起来，并联动周边区域公共空间的建设和经济的发展，成为波士顿经济发展的契机，真正做到了废弃基础设施的有机重生。

6.2.2.3 更新策略及空间成果

波士顿大开挖项目具体包括改建交通基础设施、建设区域绿色公共景观空间、保护与发展海港区域。

（1）拆除高架路，建成绿色公共空间

当中央干道高架被拆除后，地上空间成为城市一块优质的土地资源，露丝·肯尼迪绿道应运而生，它包含花园、广场和绿树成荫的步道，提供一处在都市中可放松的美丽之地。绿道公园总长约1.61km，由北向南依次由5个公园组成，连接成波士顿当代公园的翡翠项链。绿道是波士顿、波士顿港、南波士顿滨水区和海港群岛现代重塑的关键。

①北端公园（North End Park）在新萨德伯里街和北街之间，位于波士顿北部通向市中心最密集住宅区的主入口上。它有着舒适的尺度，满

足了社区的需要，营造了一个受欢迎的城市集会空间。宽敞的草坪是享受日光浴的绝佳场所，市民们在这里野餐、散步，甚至午睡，孩子们则在运河喷泉水道里面尽情玩耍。在该公园的南端部分还设置了亚美尼亚遗产公园（Armenian Heritage Park），主要是向波士顿港作为各国移民入境港口的历史致意，并颂扬那些已经迁移到马萨诸塞州海岸的人们，丰富了美国人的生活与文化。

②码头区公园（Wharf District Park）位于大西洋大道和高街之间，它是整个绿道公园内一个积极的市民活动空间，不同的空间形式为市民提供了多样化的休闲活动，包含了可举办公共活动和聚会的空间场所。人们可以把自己深爱的亲人姓名刻在一块块铺路石上，组成了一条极富意义的通道——亲人之路（Mothers' Walk），它是该公园著名的景点之一。

③要塞岬海峡公园（Fort Point Channel Park）位于奥利弗街和国会街之间，以植物造景为主，配以艺术雕塑景观。2008年马萨诸塞州园艺学会（Massachusetts Horticultural Society）在许多志愿者和马萨诸塞州园艺大师协会的帮助下种植了大量植物，为每个家庭提供了一系列优秀的现代花园的栽植模式。公园季相变化丰富，常吸引人们驻足休息，静心观赏周围的植物景观。

④杜威广场公园（Dewey Square Park）位于国会街和夏季街，是连接金融区和南站的重要交通枢纽。作为绿道内最小的公园之一，由花园、草坪和一个小广场组成。在金融区工作的上班族，在这里可以获得享受阳光和新鲜空气的休闲时刻。在夏季和秋季，波士顿公共市场协会每周都会在这里举办农民市场等交易活动。

⑤中国城公园（Chinatown Park）位于中国城旁表面路和海滩路交汇处一带，作为绿道公园南端的绿洲，设计师用当代设计语言来诠释"新中国"的含义。它包含了一条蜿蜒的道路以及两边由红色钢架的竹丛、一挂瀑布和一条卵石小溪流，兼具中国传统特色和强烈时代感的景观序列。

绿道公园充分利用拆除高架后空出的一条狭长的地表土地，因地制宜将它改造成了波士顿海港边上的一条绿带。公园设计风格简约，并无过多新建的景观建筑物或构筑物，更多的只是通过丰富的植物配置、蜿蜒的石铺步道、简洁的喷泉、有趣的艺术小品和形式多样的集会空间等组成一个极富特色的矩形公园。绿道公园还会在周末以及一些特殊的节日举行各类市场买卖活动，可供艺术家、设计师、厨师和农民买卖他们的艺术品和产品，人们也会在这里感受不一样的购物体验。多样化的空间体系，可游、可赏、可学、可教、可购的活动内容满足了不同年龄层次、不同文化背景人群的需求，营造了一个受欢迎的、充满生活气息的绿色景观空间（图6-13）。

(2) 带动和整合周边区域城市绿色空间的建设，恢复城市的肌理

大开挖项目不仅建设了露丝·肯尼迪绿道公园，还借机带动了周边区域绿色空间的建设。该项目创造了1.21km²的绿地和城市开放空间，建造了超过45个公园和主要的广场。完成了对查尔斯河流域（the Charles River Basin）、要塞岬海峡（Fort Point Channel）、拉姆尼湿地（Rumney Marsh）以及美景岛（Spectacle Island）的海岸线恢复，并作为波士顿港步行道重要的延伸部分。新建0.16km²的查尔斯河流域公园包括一系列公众休憩用地，有游乐场、自行车道、人行道、花园、开放的草坪区等。利用大量的工程挖掘土方，在美景岛上建立了0.42km²的生态公园，种植了2400株树和26 000丛灌木，新建了游客中心和轮渡码头，游客可以在这里尽情享受公园和步行道。此外，在东波士顿还建设了28 328m²的绿地空间，扩展了纪念体育场公园。同时在市中心种植了2400株树和逾7000丛灌木。

(3) 海港区域的保护和再发展

大开挖项目拆除了中央干道，紧密联系了城市中心和滨海区域。同时，与洛根机场、洲际公路连接建立的地下便利的交通体系拉近了市中心与邻近市镇的距离。借此契机，政府大力开发附近海域和海滨区域，使其成为城市重要的公共活动区域。保护了波士顿传统的港口工业，进

图6-13　波士顿大开挖的绿色公共空间

A.北端公园的喷泉水道　B.充满生机与活力的码头区公园　C.塞岬海峡公园艺术雕塑

D.杜威公园的花园和休息设施　E.中国城公园竹丛　F.绿道公园内的开放市场

一步发展海港经济，成为波士顿经济的有机组成部分。

从上述3个方面的论述中，可以看出大开挖项目通过拆除即将废弃的基础设施，让景观介入建设绿色的公共空间，同时整合周边区域的开放空间建设和经济建设，与城市的可持续发展结合，为城市发展提供了更大的空间，使原本要废弃的基础设施有机重生。

6.2.2.4　更新效益

波士顿大开挖项目的有机重生给波士顿带来了无穷的生态、社会和经济效益。

（1）生态环境改善

由于城市主要干道改建到地下，汽车尾气通过隧道通风系统过滤再排放，加上堵车时间缩短，大大减少了汽车尾气对空气的污染。同时，修建了超过 1.21km² 的城市绿地和开放空间，使城市的二氧化碳排放量降低 12%，城市生态环境得到明显的改善。

（2）城市形象提升

在地下，搬迁和重建项目迁移了长 47km 的给排水、煤气、供热、供电、电话和 31 家不同公司的管线，安装了约 8047km 的光纤电缆和 321 860km 的电话线，使城市基础设施全面更新。在地上，城市公共空间、公园、博物馆和海港步道等的建设，重新建立城市、人与海的关系，吸引了更多的市民和旅游者近距离接触波士顿的城市气息。

（3）经济快速增长

交通条件和城市环境的改善也带动了商业的繁荣。结合绿道公园的建设，适度发展周边低层建筑，担负零售、商业和住宅用途，房屋售价和租价随之高涨。港区的经济发展也随之带动起来，推动着波士顿经济的快速增长。

6.2.3 借鉴意义

大开挖项目的起因是解决城市交通问题，但波士顿抓住此机会，更新了城市开放空间，同时也保护了波士顿传统的港口工业以及滨海风情，使城市传统和现代风韵并存，独具魅力。目前我国正处在经济高速发展时期，城市的各项建设如火如荼，这也为我国城市基础设施的建设提供了一定的借鉴与启示。

（1）景观规划设计已变成了当代城市复兴和重建的重要媒介

当城市面临一些废弃的基础设施何去何从时，景观设计作为一种低价以及可行的手段会取得意想不到的效果。景观是一个媒介，是有能力对当今社会的快速发展、城市转型过程中的问题从逐渐适应和交替演变等方面提出有效解决方法的手段。

（2）长远规划和建设城市的基础设施

号称美国历史上工程量最大、技术上最艰难和最具有挑战性的大开挖项目投入逾 150 亿美元，可见城市基础设施的更新和建设任务之艰巨。因此，在建设初期就应全盘考虑、长远规划、慎重

建设，避免造成后期资源的巨大浪费。

（3）在保护中发展，在发展中保护

现代的城市需要发展，同时，在拆除和改建一些设施时也应适当保护原有的文化特色，既发展经济，又保留历史遗韵。

（4）发挥基础设施的联动效益，带动区域的发展

基础设施是整个城市大系统建设的基础，而且内部各分类设施系统之间联系也非常紧密和协调。利用这样的特点，通过改建基础设施，发挥其联动效益，带动区域的综合发展。

中国的城市发展亟须转变原有的单纯追求经济"暴发户式增长"的模式，在实施城市建设（包括交通建设）满足城市经济发展的同时，应该严格遵从自然规律，更多关注城市生态环境、文化环境，充分利用土地资源和集约利用能源，关注人的生存和活动，打造和谐、人居的城市环境，才是实现城市科学发展的根本出路。

6.3 美国纽约高线公园（The High Line）

6.3.1 规划设计背景

高线公园是位于美国纽约曼哈顿西侧街道上方的历史货运铁路线改造的公园，该公园从 Gansevoort 延伸至西 30 街，跨越 23 个街区，总长约 1.5 英里（约 2.4km），与肉类加工街区（Meatpacking）、西切尔西街区（West Chelsea）和克林顿街区（Clinton）3 个重要区域相连（图 6-14）。沿途可欣赏美景和哈德逊河，还能经过一些地标性建筑，比如自由女神像和帝国大厦、洛克菲勒中心等。

在高线建设之前，该工业区地面交通的铁轨和街道交叉口经常发生交通事故，导致穿越该区的第 10 大道因此得名"死亡之街"。为了解决该地区的交通问题，纽约市、纽约州政府和纽约中央铁路局于 1929 年一致通过了西区促进计

图6-14　高线公园区位图（根据Google Earth绘制）

划（The West Slide Improvement Project），高线成为其中重要的建设项目，并于1934年建成投入使用。最初的高线是从34街延伸至斯普林街（Spring Street）的圣约翰公园码头（St. John's Park Terminal），高出地面30英尺（约9m）。20世纪50年代，随着公路运输的飞速发展，水路和火车运输逐渐衰落，也影响到高线的运量。截至1980年年底，随着高线所在工业区的更新（转变为艺术展览、精品服装店和时尚酒吧的集中区），高线彻底结束了作为肉类、生产资料和原材料运输工具的使命。此后，高线也一直处于"拆与不拆"的争议之中。

1999年，由高线所在街区的两位居民约瑟华·大卫（Joshua David）和罗伯特·哈蒙德（Robert Hammond）发起的非营利性组织——高线之友（Friends of the High Line）的诞生，彻底改变了高线的命运。在"高线之友"积极有效的努力之下，废弃高线的更新计划得到了包括纽约市政府、高线拥有权的纽约铁路公司等政府机构和私人团体的共同支持，并最终决定将废弃的高线改造成为一个新的城市公共开放空间——高线公园，建成了独具特色的空中花园走廊，为纽约赢得了巨大的社会经济效益，成为美国现代城市工

业遗产改造更新中的经典成功案例（David J et al., 2011；杨春侠，2011）。

6.3.2　实施过程

6.3.2.1　项目更新所解决的问题

高线公园最初产生的原因是为了解决工业区地面交通的铁轨和街道交叉口经常发生交通事故的问题。它的建成使地面105个火车交叉口得以消除，市民的出行安全得到了保障。与其他高架铁路不同，高线并不是沿着街道穿行，而是从街区中央穿行，不仅有效地避免了对地面交通的干扰，而且还可以直接接驳工厂和仓库，使火车可以直接驶入建筑内部，把原料或成品直接送入或送出工厂，高线因此成为该工业区的"交通生命线"。然而随着20世纪50年代公路运输的飞速发展，铁路运输逐渐衰落，且随着时间的推移，其服务的工业也在自发地向展览、商业等业态更新，高线公园的角色由城市工业区运输枢纽向城市开放景观空间转变。

6.3.2.2　项目总体更新过程

2006年4月，高线再开发项目正式启动。

整个工程设计由詹姆斯·科纳风景园林事务所（James Corner Field Operation）领衔，迪勒·斯科费迪欧和伦弗罗建筑设计事物所（Diller Scofidio + Renfro）、荷兰园艺师皮特·欧多夫（Piet Oudolf）以及其他一些专项设计师共同参与。高线公园归纽约政府所有，由"高线之友"负责维护和运营。

整个高线公园的建设一共分为三期。

（1）一期工程

高线公园一期工程是最南端的 1/3 段，从甘斯沃尔特（Gansevoort）街延至西 20 街（共 9 个街区），长约半英里（约 0.8km），途中横跨第十大道。已于 2009 年 6 月向公众开放。

公园第一段改造由混凝土和绿化景观带组成，改造时保留了生长繁茂的野花野草和原有的铁轨。这里灯光柔和而均匀，光源都隐藏在膝盖高度以下，而从空中俯瞰，线状的光源流动而有韵律。

（2）二期工程

高线公园二期工程从北部西切尔西区的 20 街跨越到位于 30 街的西侧火车调度场的起始位置（共 10 个街区），全长 0.5 英里，公园总长 1 英里。于 2011 年 6 月对外开放。

二期工程设计了一系列景观小品，例如"切尔西（Chelsea）灌木丛"，这是由开花灌木和小树构成的茂密植被区，是高线公园二期工程的起始段（位于 20 街和 22 街中间）；"径向长椅"，高线在 29 街开始形成一条向哈德逊河延伸的柔和长弧线，成为公园与西侧铁路站场之间的过渡区域，道路沿线设有一排长长的木质长凳。"23 街草坪和台阶座椅"则是一个面积为 455m² 的大草坪，上面的休闲座椅是由西 22 大道和 23 大道回收来的柚木制作而成的，高架草坪将人们往上"抬升"几英尺，东部可以看到布鲁克林区，西部可以看到哈德逊河及新泽西的景观；"野花花坛"则是一个位于西 26 大道和 29 大道之间的直线型人行步道；"公共艺术空间"营造自然创意的景观效果（图 6-15）。

（3）三期工程

高线公园三期工程环绕着哈德逊铁路站场，位于西 30 街和西 34 街之间。将与规划中的"哈德逊庭院"新城商业发展区的河滨开放空间相融合，形成全新的哈德逊河畔城市公共空间景观。

6.3.2.3　更新策略及项目成果

作为宏伟的城市改造项目，高线工程的核心

图6-15　高线公园实景图

A. 休憩平台　B. 径向长椅　C.23 街草坪　D.23 街台阶座椅　E. 野花花坛　F. 公共艺术空间

是"保护"和"再利用"。坚持尊重高线固有特点，保留主体钢架结构，延续高线的历史文脉，保护高线生长的动、植物，符合公众利益，促进邻近社区发展；将已存在元素作为重点，在旧作的基础上增添新内容。"简单、野性、慢、静"是贯穿整个设计的八字准则，没有精心设计的干预措施，只是简单地强化原有肌理。该项目通过适应性再利用已有结构将"保护"和"创新"结合起来，打造了全新的、迷人的、独一无二的娱乐设施和公共走道，为大众带来一段沉浸式体验、悠闲的徜徉小道和嵌入城市中的超现实旅程。具体景观特色体现在以下几方面。

（1）灵活多样的地面肌理

高线公园具有丰富分段表面的特征。硬性的铺装和软性的植物种植系统相互渗透，营造出不同的表面形态。有些区域是100%硬质的表面，但是硬质铺装之间的缝隙使野生的薹草能够慢慢生长；有些区域是40%野草和60%硬质铺装；有些区域存在水面以丰富场地的特征，更加适合植被的生长；有些区域是60%的堆土地形和40%的硬质场地；有些区域则完全是100%的植物栽植表面，通过架桥的方式解决交通问题。整体上公园

表面的设计是硬质与软质互相渗透，在不同的段落呈现出不同的比例和类型（图6-16）。

（2）开放的交通系统

高线公园的存在并未阻断城市东西向的联系，且自然而然形成了人车分层的立体交通模式。从甘西沃特大街到第20街是一条蜿蜒变化的景观线。由于公园悬于空中的特征，其对外的交通联系显得相当重要。高线公园的第一部分共规划了5个出入口来确保人流的合理聚集和分散，分别是甘西沃特大街的入口、第14街的入口，第16街的入口，第18街的入口和第20街的入口。二期工程在西23街、西26街、西28街和西30街分别增设了新入口（图6-17）。整个公园覆盖了完整的无障碍通行道，并在西30大道和西23大道设置了2台升降电梯以补助西14大道和16大道现有的2台电梯。

（3）自然野趣的生态环境

高线公园的植物设计尊重自然的过程和选择，没有选择常用的植物种类，而是对当地的野生植物进行筛选，精心挑选包括多年生草本植物、乔木、灌木在内的210种植物材料，营造出乡土特色浓郁、养护需求简单，同时可以基本实现自播

图6-16 铺路（硬景观）和种植（软景观）的相互渗透

图6-17　高线公园观景平台

的植物景观（图6-18）。有别于城市开放空间中传统人工修剪式园林，高线公园呈现出一种"高线之美"特有的野趣生机与活力。

（4）新旧融合的开放空间

与其他公园不同，高线公园开发面临利用和改造废弃铁轨的问题，即如何在铁轨上建造现代开放空间，如何使旧式铁轨与现代元素并存于同一空间内。基于历史性保护的原则，它几乎保留了3个主要历史时期的代表性元素和特征，且没有去刻意界定"新"或"旧"，而是让它们自然地融合于公园

内，表现出对城市复杂秩序的尊重。公园外部呈现"交通生命线"时期的历史特征，公园内部铁轨与周边元素较好地融合（图6-19），铁轨依然是主要元素，引导参观流线，保护自生植物。

6.3.2.4　更新效益

作为复兴曼哈顿西部地区的重要一环，高线公园已经成为该区域的标志性特色，并成为刺激投资的有力催化剂，展示了公共空间促进税收、招商和刺激当地经济增长的能力。2005年，纽约

图6-18　野花种植区

图6-19　新旧融合的开放空间

A.林地立交桥　B.观景平台

市对高线周围的区域进行了重新划分，以更好地促进发展和保护原有的街区特点。重新分区措施和高线公园的成功引领着该区域成为纽约市发展最快、最具活力的街区。2009年6月高线一期开放后受到出乎意料的欢迎，公园接待了超过400万人次的游客，是市内单位面积内访客人数最多的景点。非营利保护组织高线之友与纽约市签订许可协议，通过私人筹款支付90%的公园人员和日常维护运营开销，并组织公共节目和周边社区联谊活动。至今，高线之友已经通过高线公园活动筹集了5000万美元的私人资金作为未来建设资金，并维持公园维护和运行。自2006年起，高线周围新许可的建筑项目成倍增长，至少已经开启了29个重要开发项目（其中19个已经建成，其余10个正在建设当中）。这些项目带来了超过20亿美元的私人投资和12 000个就业机会。

6.3.3　借鉴意义

高线公园从废弃的工业高架铁路桥变身为城市公共景观空间，基于对旧建筑的保护与复原，其最大的意义在于利用创新的方法展现历史的文化遗风。它将保护与创新结合起来，除了为纽约市提供了极有价值的开放空间，成为邻近地带的经济发动机，也吸引了新兴文化产业、商业和住宅项目的开发投资。

（1）历时性保护与更新

高线公园采用了历时性保护与真实性保护的方式，让各个历史时期的特征同处于一个空间内，展现原本的一面，表现对历史的尊重。并且，它没有将旧设施单纯地封闭保护，而是赋予其新的功能，巧妙地融入现代环境中；新建设施设计也从传统环境中汲取元素，成为传统特征与现代构架的结合体。高线公园的成功启发设计师们，新与旧在同一空间内相互依存，可以展现出更强的生命力。

（2）公众主导的保护与开发

与传统的政府和开发商主导下的"公众参与"的模式不同，高线的再开发动力主要源自一个以社区为基础的非营利性组织——"高线之友"（Friends of the High Line），它在高线的保护、再开发及后期管理过程中发挥着积极的作用。高线之友还与纽约市政府共同对高线公园实施管理。在这种自下而上的公众主导的开发模式下，市民成为项目甲方，政府有关部门则成为项目的监督者和协调者，设计师则通过自己的设计来满足市民的各种愿望和要求。在我国公众参与意识逐渐提高的今天，推动社区、公众发挥更为主导的作用正当其时，有助于促使项目更加符合周边社区的利益，建成后更好地满足人们的使用需求。

（3）区域协同发展

高线公园的保护与更新不局限于公园本身，还扩展到周边街区。通过对周边街区和建筑的先期控制，为高线公园开发创造了良好的先期环境，使其成为紧密联系周边历时性街区环境中的公共开放空间。因此，要有长远的目标和眼光，不仅关注核心区域的开发，还要重视与周边区域的联动发展。高线公园的建成证明了公共资金投资于公共空间能刺激经济发展，并成为设计的典范。

6.4 瑞典斯德哥尔摩哈马碧湖城

6.4.1 项目背景

哈马碧（Hammarby）位于瑞典首都斯德哥尔摩城区东南部，毗邻城市中心（图6-20）。20世纪90年代初，为争取2004年奥运会的主办权，斯德哥尔摩市政府开始对曾经为工业棕地的哈马碧地区进行改造，并将其规划成为未来的奥运村。虽然申奥没有成功，但哈马碧生态城的建设并未停止，而是将发展重点转为建设一个环境友好、可持续的生态城区。

哈马碧区曾是一处破旧的老工业仓库用地，环境破败凌乱、污染严重（图6-21）。早期由于缺乏城市规划管理，造成了土地利用低效、城市环境恶劣和大面积的破旧棚户区。1990年，随着城市经济逐渐繁荣，政府以高于市场的价格购买了土地所有权，城市规划部开始有效地协调交通和土地发展相关部门，对哈马碧进行了更为长远的开发建设。

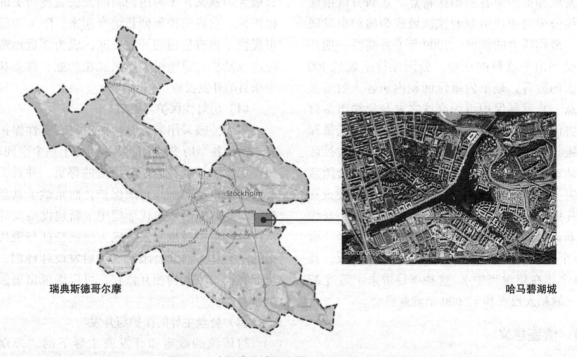

瑞典斯德哥尔摩　　　　　　　　　　　　　　　　哈马碧湖城

图6-20　哈马碧湖城区位图（改绘自openstreetmap）

前工业时代

工业时代

图6-21 哈马碧早期工业棚户区照片（引自斯德哥尔摩政府网站）

6.4.2 规划建设

6.4.2.1 发展目标——可持续规划理念与"无碳城市"

政府希望通过重新开发港口土地，将哈马碧城建成斯德哥尔摩市在滨水区的延伸中心区。因此，"生态"是哈马碧城的发展动力，其规划和建设始终强调生态和可持续发展理念（图6-22）。

哈马碧的生态理念不仅体现在滨水地区和绿地系统的规划建设中，功能上还实现了废弃物、水、能源之间的循环利用。此外，生态城采用绿色建筑设计，同时向居民宣传环保理念及实践经验，最终实现"一个生态新城"的规划理念。

6.4.2.2 规划策略

（1）城市分区

哈马碧总体规划可分为围绕着哈马碧湖及其

图6-22 哈马碧湖城鸟瞰（引自斯德哥尔摩政府网站）

河道的西北、南、东北3个区域，每个区域又分别以各自的中心公园向四周延伸（图6-23）。绿地、湖泊、道路与建筑相结合，形成紧凑的空间形态，城市公共服务设施分置于整个城区的交通节点上。哈马碧城市格局具如下几个特征：①小规模、小尺度的城市街区，哈马碧街区长度在50~100m，街区大小通常为50m×70m或70m×100m，街区内部通过四周建筑的围合布局形成居住庭院；②以公共交通为导向的开发模式（transit oriented development，TOD），在商业区和商务区中心地带设置公交站点，同时将图书馆、商业建筑等集中布置；③丰富的公共服务设施，哈马碧充分考虑各类居民对城市功能服务的需求，建立邻里、社区、城镇3个层级的公共服务体系。

（2）交通系统规划

哈马碧政府大力推进公共交通网络建设，在城市尺度建立了以轻轨、共享汽车、公共巴士为主的便捷高效的公共交通体系。主街沿线设立了4个轻轨车站，轻轨线串联斯德哥尔摩市地铁、城市中心节点、公交路线，交织成通达的交通网络，以便于居民快速到达城市各处。城市内部以自行车、步行为主的慢行系统，有效降低了排放量，形成了绿色、低碳、健康的通行环境。此外，滨河区域的渡轮码头为近郊出行提供多样化选择，疏解了周边交通流量。

交通系统规划不仅增强了社区与城市的连接，缓解了城市交通压力，同时，多样化的沿街界面提升了社区活力和商业价值，形成了有序的空间形态和城市肌理（图6-24）。

（3）开放空间规划

哈马碧湖城保留原生林地与自然区域作为生态骨架，通过自然结合人工的生态修复手法，将

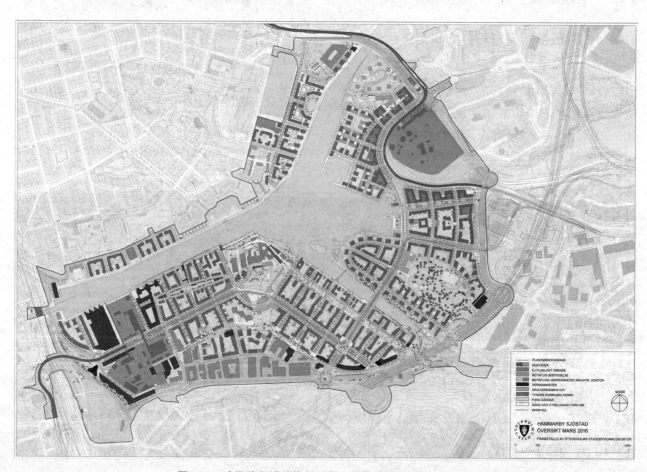

图6-23 哈马碧湖城总体规划图（引自斯德哥尔摩政府网站）

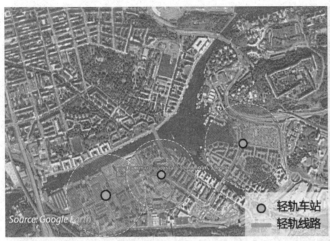

图6-24 哈马碧交通系统规划图与规划后现状（自绘、刘艳林拍摄）

图6-25 哈马碧绿色开放空间网络规划图（自绘）

原仓储用地和工业污染区域更新成风景优美的公园和绿色开放空间。延续旧城网格状道路，结合滨水景观、城市公园、街头绿地及庭园绿化等设置多条景观步道，形成了由若干公园、绿色开放空间、滨水码头、广场和景观步道综合组成的绿色开放空间网络（图6-25）。

绿色开放空间网络充分利用了滨湖景观带的优势，依托滨水空间设置了码头公园、栈道等游憩场所，并在湖面上结合芦苇荡设置了海鸟栖息地（图6-26）。

通过对废弃工业园区和港湾的再利用，形成哈马碧丰富的沿岸建筑轮廓线，湖岸边建筑高度与密度较低、空间尺度宜人，城市内部空间与水域之间形成了通透的视线通廊，湖滨步道可以慢

跑、散步、骑行、停泊或划船，以及开展其他娱乐休闲活动。自然景观与城市景观相互渗透，道路体系、公共空间和绿地系统相结合，将湖滨的自然渗透到城市中（图6-27）。

城市宜人的生态环境，给予人们亲近自然的机会和场所，充分体现了哈马碧湖城以人为本的规划理念，注重环境友好和生态多样性，将自然环境与城市环境相融合（图6-28）。

（4）生态基础设施建设与能源系统规划

哈马碧湖城生态建设核心在于构建了"哈马碧模式"——城市中能源、雨水、污水、垃圾生态循环利用系统。该系统整合了建筑、景观、绿色基础设施等，最大程度提升当地能源利用效率。城市边界设立了污水处理厂，将从城市污水中分

图6-26　哈马碧湖城滨湖景观（刘艳林拍摄）

图6-27　哈马碧湖城滨湖码头、公园（刘艳林拍摄）

图6-28　哈马碧湖城滨水绿色开放空间（刘艳林拍摄）

离的污泥进行生物降解后排往海域,该过程中产生的沼气作为生物质燃料供给当地汽车及家庭燃气;地下设置渗水层和蓄水池,储存并处理城市积水、雨水、融化雪水;建筑屋顶种植具有净化作用的植物,收集雨水的同时起到隔热作用,屋顶还安装太阳能电池与燃料电池。通过城市内部的能源循环利用,哈马碧湖城可解决自身所需能源的50%。

在垃圾处理方面,哈马碧湖城构建了楼层、街区、地区的三垃圾管理系统以及一套真空处理垃圾的全自动中央垃圾抽吸系统,小区内的垃圾投掷点通过地下管道连接中央收集站,再通过控制系统将垃圾运送到大的集装箱。经过适当处理后,这些城市废物即可转化为农作物肥料或热电厂的燃料(图6-29、图6-30)。

6.4.3 借鉴意义

"哈马碧模式"的规划和设计在许多方面都堪称典范。完善的社区公共服务设施、系统化的公共交通、功能复合的居民区、城市绿地设计策略和湖光美景,以及最接近消除"垃圾"的废弃物处理模式结合,以提升品质作为生态建设的根本目标,从全局角度深入而系统地考虑生态环境,站在生态能量循环的高度眺望整个自然系统,真正认知人与城市、人与自然、城市与自然的关系,领悟三者相互间的影响。对生态的探索除了保护,更是一种培育,人类利用自然创造好的生活环境的同时,建立反哺自然的意识。保护生态肌理,还原生态脉络,监控生态足迹,并最终构建一个和谐共存的社会环境。

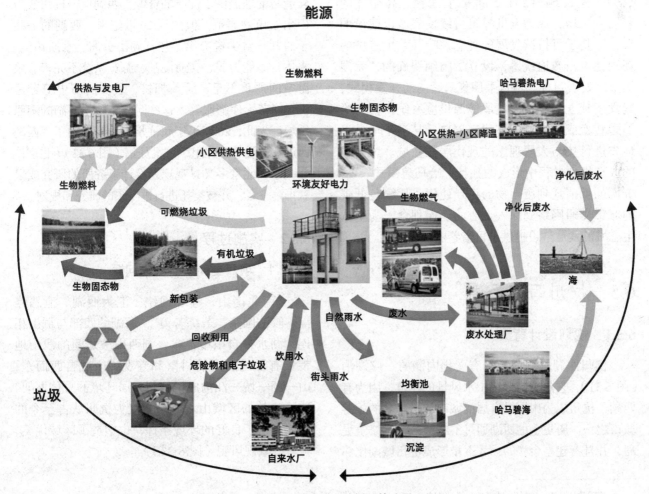

图6-29 哈马碧湖城能源系统循环策略图(自绘)

图6-30　哈马碧湖城区垃圾真空回收站（刘艳林拍摄）

如今，经过20多年的发展，哈马碧已经建设成为一座占地约204万 m^2 的低能耗、高循环的宜居生态城，成为全世界可持续发展城市建设的典范。基于可持续发展的理念，哈马碧生态城的规划建设由政府统筹，设立了精细明确的"无碳城市"发展目标。项目采用集约紧凑的开发模式，建立了独立的可持续发展能源供应系统，使得哈马碧转变成为一座能够代表瑞典，甚至是全世界最先进科技与人居理念的现代居住新城。该区域的改造规划过程中形成的独特"哈马碧模式"，从资源的低消耗到废弃物的循环使用，从绿色低碳的城市交通网络到深入人心的环保理念，为全球生态城的发展建设提供了可借鉴的成功案例。

6.5　杭州西湖西进[*]

6.5.1　规划设计背景

杭州西湖是中国最具有文化内涵的一座湖泊（图6-31）。它是中国传统山水风景的典范，因为有西湖，杭州成为中国最宜居的城市和最著名的旅游城市之一。历史上的西湖通过不断的疏浚和修筑堤岛，并且营建亭台楼阁，才逐步形成杭州城湖比邻

相融、互为表里的格局。可以说，杭州城为西湖的营造与治理提供了优质的资源，西湖使得杭州成为山水城市的典范。但到了20世纪末，西湖的一些矛盾却日益尖锐突出，包括湖山分离、水质污染、水体自净能力弱、交通混乱、游览系统不完善、旅游空间严重不足、游人拥挤、重要的历史遗存湮没、村落无序膨胀等。这些问题集中于西湖的湖西区域，为此，2000年年底杭州市政府提出了"西湖西进"的设想，并组织方案征集（图6-32）。北京林业大学和北京多义景观规划设计事务所的研究成果获得第一名，并被委托进行进一步的研究和规划。

6.5.2　实施过程

6.5.2.1　项目更新所解决的问题

"南北诸山，峥嵘回绕，汇为西湖。泄恶停深，皎洁圆莹，若练若镜"，西湖的西部与群山相连，湖水来自山中汇水，湖西山陂之间的浅山地带仅有星星点点的村落和寺观。区域自西而东，山—湖—城—江构成了杭州人居环境的总体框架，这一完整的区域山水体系不仅为杭州从古至今的发展提供了良好的环境条件，也塑造了区域优美、独特的景观风貌（图6-33）。

---

[*]　本节图片均引自北京多义景观规划设计事务所。

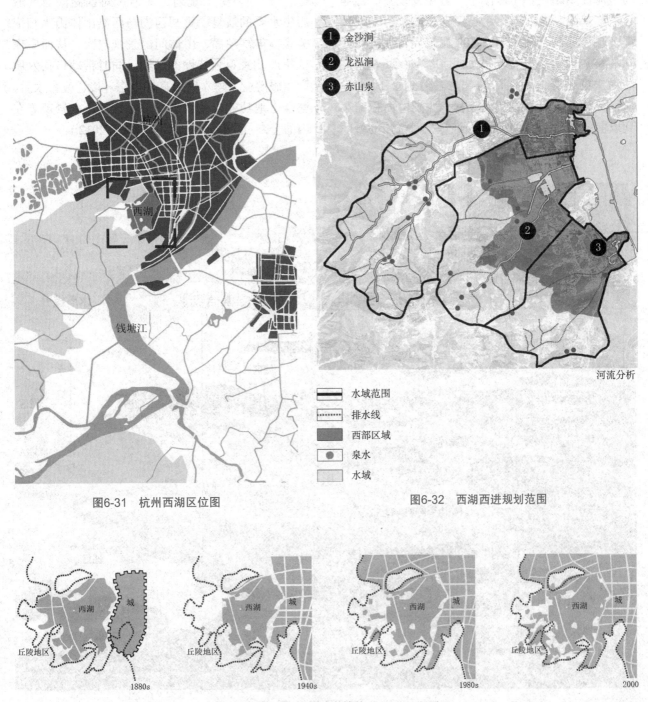

图6-31 杭州西湖区位图

图6-32 西湖西进规划范围

图6-33 西湖与杭州城市的关系（19~21世纪）

西湖是一个大量泥沙日积月累积淀而成的泻湖，泥沙不断淤积是西湖不可避免的现象。白居易、苏东坡、杨孟瑛及历史上三任杭州老市长等，都曾疏浚西湖，疏浚出来的淤泥筑堤，为杭州西湖的格局改善做出了巨大的贡献。如今，白堤、苏堤、杨公堤的命名即为纪念。但到了20世纪末，西湖就未再做过疏浚工程，西湖的面积缩小到以前的2/3，尤其是西湖西区是当时杭州的城乡

接合区，杨公堤两侧是厂房和办公楼（图6-34）。

"西湖西进"规划力图通过对西湖湖西区域历史水系的恢复，重塑西湖与西侧山体山水相依关系，丰富湖面、山体间的景观层次，从而实现杭州地域景观独特性的延续，同时带动包括发展湖西旅游业、建立区域良好生态环境、改善水质、整合土地功能以及修复、重现各类历史景观等在内的全方位更新（王向荣、林箐，2012）。

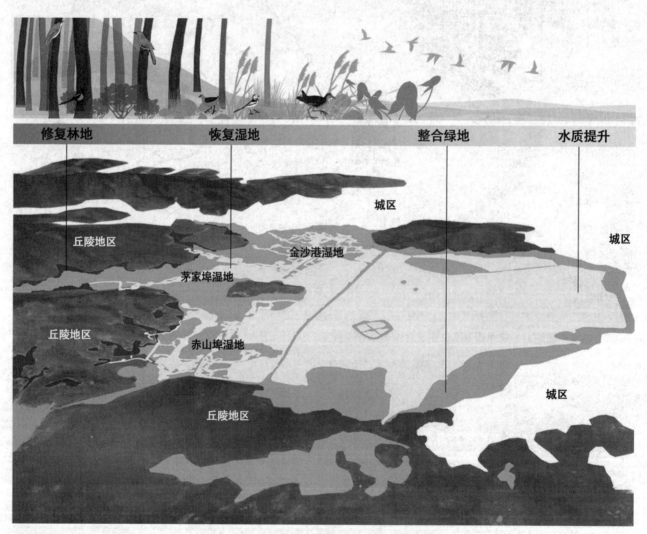

图6-34　20世纪末西湖景区存在的复杂问题

6.5.2.2 项目总体更新过程

西湖西进东起西山路，恢复曲院风荷和丁家山之间的杨公堤，北以灵隐路为界，南至虎跑路，西面界线沿青龙山、五老峰、鸡笼山、吉庆山山脚，经黄泥岭与灵隐路相连，总面积约 477hm² （图 6-35）。西湖水域向西延伸，使得西湖西部区域的风景资源得以更好地利用，扩展了西湖的旅游区域，完善了西湖风景和旅游网络，极大地缓解了西湖风景区一些重要景区的压力。西部水域的开辟使历史上的灵隐上香水道和杨公堤得以恢复，再现了西湖的历史结构，丰富了人们参观游览的路线。

6.5.2.3 更新策略及项目成果

西湖西进规划的首要核心问题是明确西湖向西部拓展的水域范围。这项工作有两个主要的工作方向，分别是对历史和地域特征的解读以及对现状条件的深度分析（图 6-36、图 6-37）。

首先，参考历史文献、古画、古地图的记载，认知历史时期杭州西湖西部与山体之间的山水关系特征，并结合杭嘉湖平原现有圩田水系特征，明确西湖西进水域的形态、结构特点和大致的范围。而后，结合现状西湖湖西区域的用地类型，明确现状污染源分布，提出自然修复和工程手段结合的修复策略，依据现状建筑风貌、分布等基

图6-35 西湖西进规划总平面图

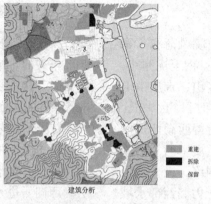

居住　商业　农业

重建　拆除　保留

文化遗产

污染源　　　　建筑分析　　　　文物保护

图6-36　西湖西进规划现状条件分析图

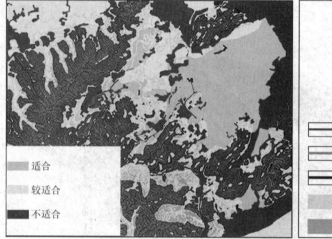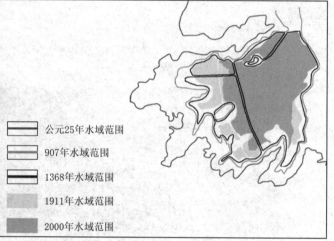

适合　较适合　不适合

公元25年水域范围
907年水域范围
1368年水域范围
1911年水域范围
2000年水域范围

图6-37　利用GIS分析生态敏感性和水文条件

本条件提出包括重建、修复、拆除等一系列更新策略，同时明确区域中核心的文化遗产区位及价值。通过历史、地域特征与现状条件相结合，并利用地理信息技术对现状自然状况进行深入分析。

（1）西湖水域的生态修复

西湖湖西水域的恢复范围得以明确，共恢复了近80hm²的水域范围（图6-38）。被恢复的水体大部分是新增的湿地环境，共新增70hm²，非常适合各种生物的生存。湖西村庄的整治、市政管网的建设、土地使用性质的调整，极大地减少了对溪水的污染，进而降低西湖湖水的污染。西部水面的拓展和引水工程的实施也使得原本是湖水死角的岳湖、西里湖中的水体得以更多地流动，缓解了西湖湖水的富营养化情况。湿地的净化作

用结合新的配水工程，使得西湖水质有了较大的提升，西湖湖水从原先的一年两换增至一月一换，良好的生存环境吸引了更多的鸟类、鱼类在西湖安家。其中，茅家埠水域是西湖上游最大的湿地（图6-39）。

（2）历史遗迹的再现

通过西湖西进工程的实施，许多原本人们不熟知的历史遗迹得以呈现，如杨公堤、盖叫天故居、黄公望故居、于谦祠、法相寺、五老峰等。其中三台山水域便将隐藏在山林之中的于谦祠与西湖联系了起来，许多古桥也随着水域的扩展得以修复，重新呈现在大众的视野之中。这些被湮没多年的历史景观重新展现出它们的风情，也增加了西湖历史文化底蕴的深度。

水域   住宅

绿色空间   道路

山体   铁路

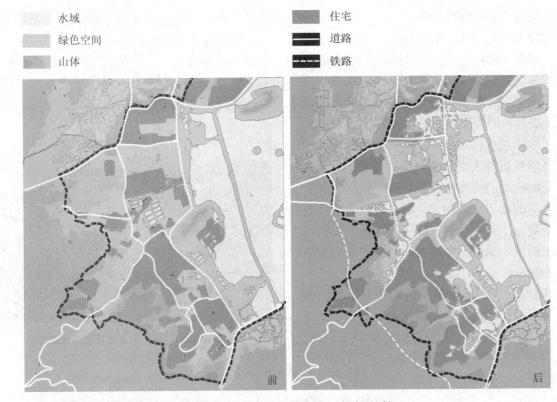

图6-38 西湖西进规划前后土地利用比较

图6-39 西湖上游大片的湿地改善了西湖的水质

（3）区域景观格局的重塑

在西湖西进规划中，基于湖西区域旅游业的发展，区域原本的特色产业得以保留并实现转型。在茅家埠地区，湿地水域、茶园和山林构成了多层次的山水景观，被保留的区域典型地域景观成为旅游发展的核心吸引力（图6-40）。许多村庄的格局、居住风貌也得以更新，与扩展的湖面共同形成了自然景观与人文景观交织的场景。更新的湖西区域也拓展了杭州城乡居民公共生活的场所，与热闹繁华的湖东区域相比，湖西区域为市民提供了一个更加宁静、自然、健康的区域。人们可以从湖东的城区乘船，穿越美丽的西湖来到湖西的山区（图6-41）。

"西湖西进"不是简单的西湖西部水域的恢复，它是西湖湖西地区乃至涉及整个西湖风景区环境整治、生态恢复、风景资源的保护与利用、旅游空间扩展的复杂工程，涉及社会、生态、水文、城市等方方面面（图6-42）。湖西区域的建设构建了西湖风景区新的景观结构，使旅游服务体系更完善，整个西湖生态系统更完整，也极大地促进了城市的综合发展。

图6-40　茅家埠湿地茶园和北高峰

图6-41　可乘船从湖东的杭州城区穿越西湖到湖西的山区

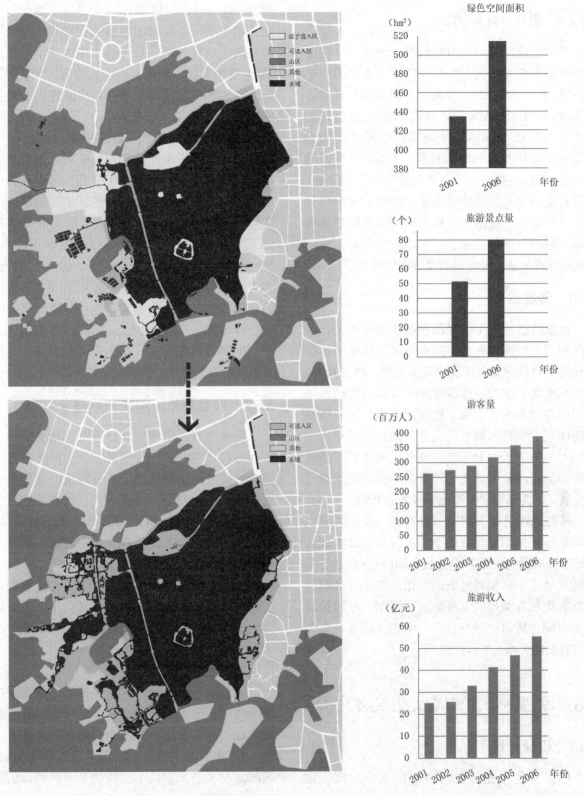

图6-42 西湖西进所产生的生态效益

6.5.2.4 更新效益及评价

西湖西进区域的规划与杭州市园林设计院完成的西湖东线、南线、北线的规划一起作为一个完整项目，获得了2010年度国际风景园林师联合会亚太区（IFLA-APR）风景园林奖景观规划类主席奖，并获得2010年度美国风景园林师协会（ASLA）分析与规划类荣誉奖。ASLA评审团给予高度评价："我们很乐意看到这个项目的实施，因为它是一个伟大的解决方案，创造了一个将会成为该地区人们休闲和文化庇护所的美丽的景观经验。同时，项目传递了一个积极的信息，显示了景观在促进更好的环境质量方面的潜力。"

6.5.3 借鉴意义

西湖西进是一个依托西湖西部水域恢复，涉及西湖风景区环境整治、生态恢复、风景资源保护与利用和旅游空间扩展的复杂工程，涉及社会、生态、水文、城市、村落等多个方面。西湖西进规划的意义在于，重构了杭州山、水、城相融的空间体系；使得西湖水质提升，减轻了西湖疏浚的压力；构建了西湖完整的风景旅游体系，拓展了西湖的旅游空间；重现湮没多年的历史景观与历史遗迹；为西湖申遗奠定了坚实的基础。

从西湖西进的案例中可以看到，延续区域山水风景传统是湖区规划的重要内容，能够实现区域地域景观特征的维护与发展。同时还可以看到，湖区规划是一项相当复杂的工作，需要对区域的历史文化和各类现状条件都进行深刻、准确的认识和判断，从而协调好社会、生态、经济、文化等多方面的关系。

6.6 文里·松阳三庙文化交流中心 *

6.6.1 设计背景

松阳县位于浙江省西南部丽水市山区，被

誉为"最后的江南秘境"。"文里"项目位于松阳老县城中心一条保持了明清风貌和传统业态的老街尽头，堪称封存在松阳县之中的一个"人文秘境"。这里有始于唐宋，兴于元明清，而衰败于民国的文庙和城隍庙。文庙和城隍庙连同一条街外的武庙（关圣宫），一起称为"三庙"，成为现代中国县城中罕见的古代三庙建制齐全的样本。

文庙城隍庙街区自古便是松阳人的公共活动场所与精神中心，历经百年变迁，现存从唐代开始的不同历史时期建造的各色建筑，包括唐代的文庙（明清遗存），宋代的城隍庙（清代遗存），20世纪50年代的区委办公楼，60年代的水塔、粮仓和牌坊，70年代的电视台，80年代的银行，90年代的幼儿园（社区办公室），彰显了街区丰厚的历史底蕴。但数十年来，这一曾经的精神文化中心日渐衰落，环境杂乱，业态凋敝，缺乏活力。

本项目旨在对这一场所进行综合更新，恢复其市民精神文化中心的身份（图6-43）。

6.6.2 项目更新所解决的问题

场地原有历史建筑均已废弃，建筑衰败、受破坏程度严重。基础设施陈旧，无法保证基本的安全。城隍庙前的广场上堆放垃圾，文庙前的广场上堵着一栋两层的废弃楼房。原有的建筑空间格局被破坏，各建筑之间缺乏关联，布局杂乱、杂草丛生。历史上的精神文化中心成了城市中心的灰色地带，无人问津（图6-44）。

如何处理新与旧的关系，将原有建筑和公共空间重新梳理，令昔日的精神文化中心重新链接当代生活？这是本更新项目面临的主要问题。

6.6.3 更新过程

通过政府、建设方与居民反复协商确定的更新范围中，多个场地盘根错节，与街区建筑参差咬合在一起。整个空间里有"两实一虚"三条轴线，"两实"是：城隍庙与美术馆所形成的轴线，城隍庙与文庙的轴线；虚轴线是青云路，三条轴

---

* 本节图片均引自北京同衡思成文化遗产保护发展有限公司。

图6-43 文里·松阳三庙文化交流中心项目鸟瞰图

原城隍庙广场　　　　原粮仓

原青云路　　　　文庙前废弃楼房

图6-44 文里·松阳三庙文化交流中心场地原状

线非常清晰地描绘了整个园区的空间脉络，更新工作是织补，植入更新系统和新的业态，用现代的方式将原有的历史空间激活（图 6-45）。

6.6.4 更新策略及项目成果

6.6.4.1 融入肌理，拥抱社区

首先修复场地内保存较完整的建筑和道路、广场等，修复时保留原有街区肌理，最大程度恢复场地的原汁原味。如对青云路进行修复时，对路上原有的石板进行编号，修复时按照原样恢复出来，仅对破损过于严重的石板进行更换，更换时也寻找老旧石板，力求保持场地原貌。

在空间的梳理上，着重释放文庙和城隍庙（图 6-46）前的空间，并且打通街区与周边社区连接的巷道"孔隙"，使得场地最大程度向周边社区开放。

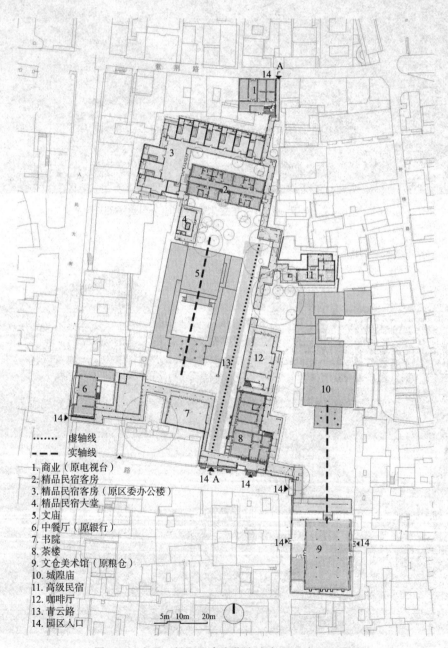

- …… 虚轴线
- – – 实轴线
- 1. 商业（原电视台）
- 2. 精品民宿客房
- 3. 精品民宿客房（原区委办公楼）
- 4. 精品民宿大堂
- 5. 文庙
- 6. 中餐厅（原银行）
- 7. 书院
- 8. 茶楼
- 9. 文仓美术馆（原粮仓）
- 10. 城隍庙
- 11. 高级民宿
- 12. 咖啡厅
- 13. 青云路
- 14. 园区入口

图6-45　文里·松阳三庙文化交流中心设计总平面图

更新前　　　　　　　　　　　　　更新后

图6-46　文里·松阳三庙文化交流中心城隍庙广场更新前后对比

6.6.4.2　建立廊道，串联空间

在梳理后的场地上建立一个更新系统——一个婉转连续的深红色耐候钢廊道（图6-47），廊道如"泥鳅钻豆腐"一般在疏解后的街区蜿蜒穿梭，对现状树木和保留遗址进行了审慎退让。窄处为廊，串联保留老建筑；宽处为房，容纳新业态。廊道适应江南地区湿润多雨的气候，营造了一个既有古典韵味又公共开放的当代园林。

廊道整体均为一层，高度均低于老建筑檐口，以低调的姿态，把历史建筑托起来变成主角，以表达对历史的尊重。此外，廊道采用整体结构，"轻落"在场地上，避免了深基础对场地的破坏。

图6-47　贯穿场地的廊道

6.6.4.3　植入业态，盘活功能

延续两庙街区原有的庙堂文化和市井文化脉络，植入书店、咖啡馆、美术馆、非遗工坊、民宿等业态，为周边社区乃至整个松阳提供一个公共的文化交流活动场所。

设计时将原来破旧的砖房拆除，植入了书店（图6-48），书店为旁边的一棵古老的香樟树退让了空间，形成一个院子，名为香樟书院。香樟书院周围有千年的文庙，内有百年大树，后有20世纪八九十年代的民宅，旁有近年修建成型的书店（图6-49）。将跨度千年，不同历史的断面集中在一起，将历史活化起来，让当代在历史里发挥应有的价值。

图6-48　新建成的书店

图6-49　文庙前格局

原粮仓更新后成了文仓美术馆（图6-50），宽敞、开阔的文仓美术馆常常作为公共活动的场所，举办学术会议、节庆活动等。为场地注入了新的活力。原区委办公楼也在修缮和更新后改造为客房（图6-51）。

新建成的咖啡馆（图6-52）已经成为网红打卡地。咖啡馆位于园区的几何中心，处于两庙之间，正对着一棵200年的古树。咖啡馆屋顶是可供人游览的平台，可以一览无遗地观看周边的环境。同时，利用平台空间策划了仅接受私人订制的活动。

此外，利用街区里的公共空间，做临时性的市集，招募松阳县本地有趣的商家，包括农产品，还有文创、民宿、手作等，同时邀请外地知名的设计品牌入驻。目前，这个市集已经成为全松阳最火、市民认可度最高的市集。

项目恢复并强化了青云路为轴、两庙为翼的传统格局。失落的老庙经修缮，继续延续市井烟火，成为人们文化活动的舞台。新旧界面的交互间，生活长卷次第展开，重聚老城人气。整个街区转型为展示绵延百年建筑遗存与动态文化生活的泛博物馆，以开放之姿拥抱周边社区，再度成为松阳的精神中心。

6.6.5　借鉴意义

把历史活化起来，让当代在历史里发挥应有的价值，文里·松阳三庙文化交流中心提出了一种有意义有价值的更新方式和一种与众不同的保护遗产态度。

图6-50　原粮仓更新前后对比

图6-51　原区委办公楼更新前后对比

图6-52　新引入的咖啡馆

图6-53　文化和自然遗产日活动现场

那些以风貌为出发点设计的新城，似乎都很难有效地聚拢人气、催生活力。在文里项目中，开发方采用了一种弹性的活化策略，无意去创造莫须有的"历史风貌"，也没有将街区"博物馆化"，而是留出各个方向的6个出入口，让居民和游客随意进入。在业态上，既有参观游览性的文庙、城隍庙、文仓美术馆，又有文化服务性的书店、咖啡厅，还有商业服务性的餐厅和精品酒店。无论改造后的功能为何，旧建筑都保留昔日风貌，且总面积与新建部分几乎持平，这为街区赋予了一种独特的历史面貌，它不属于任何一个特定的历史年代，却让人恰到好处地感受到时空的叠合。公共性的美术馆、餐厅、书店和咖啡厅位于青云路的前端，围绕两个内院形成市民活动的中心，却又通过区域划分避免人流过度聚集；经营性的酒店位于院落深处，以玻璃隔断保证视线上的连通和实际上的独立（图6-53）。

残留的历史片段、不同时期的时空交叠，通过顺势设计加以整合，使得城市空间的"内向视野化"，成为具有"表层密度"和"烟火气"的园林城市。

6.7　上海黄浦江沿岸公共空间更新（杨浦滨江南段）

6.7.1　设计背景

上海是拥有中国最早现代工业的特大城市。20世纪初，黄浦江沿岸已聚集了大批其时最先进的造船、纺织工业设施以及电厂、自来水厂、煤气厂等市政设施，随之是周边居住人口的快速增加及居住区的建设，形成了繁华的城市景象。到21世纪，随着产业转型和外迁，沿江工厂陆续关闭，而城市人口密度持续提升，对休闲娱乐等新业态和有魅力的城市公共开放空间的需求愈加迫切。然而工业时代遗留的空置建筑与废弃码头，阻挡了来自城市社区的人们走向滨水沿线，此外千年一遇的防汛标准使沿江防汛墙顶部要比城市地坪普遍高出2~3m，阻隔了城市望向水面的视线。

21世纪初伴随着2010年上海世界博览会的筹办，上海黄浦江沿岸工业企业加速搬迁，滨江地带的更新被定为上海城市发展的重大战略，期望从封闭的生产岸线转变成为满足人民生活需要的开放共享的生活岸线。2014年年底，黄浦江两岸45km公共空间3年行动计划启动——以实现中心城区黄浦江岸线的全部贯通，创造一个连续的公共开放空间，形成独具魅力的滨水风景线。

其中，杨浦滨江南段位于黄浦江北岸，西起秦皇岛路、北至杨树浦路、东到复兴岛运河，用地面积为1.8 km²，岸线总长度为5.5km（图6-54），是黄浦江沿岸厂房港区最为集中、转型潜力最大、空间环境最有特色的重点区段（图6-55、图6-56）。

6.7.2　面临的问题与规划设计目标

该地段作为上海近代工业文明最重要的发源地之一，绵延十余里（1里=500m）的传统产业带，见证了中国近现代工业发展的重要历史，是城市记忆和文化积淀深厚的特殊地段；漫长的江岸线也赋予这一区段优越的景观潜力。但是更新规划设计也面临一系列现实问题。

①由于杨浦滨江沿线传统工业的生产功能已严重衰落，整个地带尚未注入新产业发展动力，导致原有工业建筑和设施大量空置。包括多个被列入上海市登录保护的历史建筑在内的大量具有

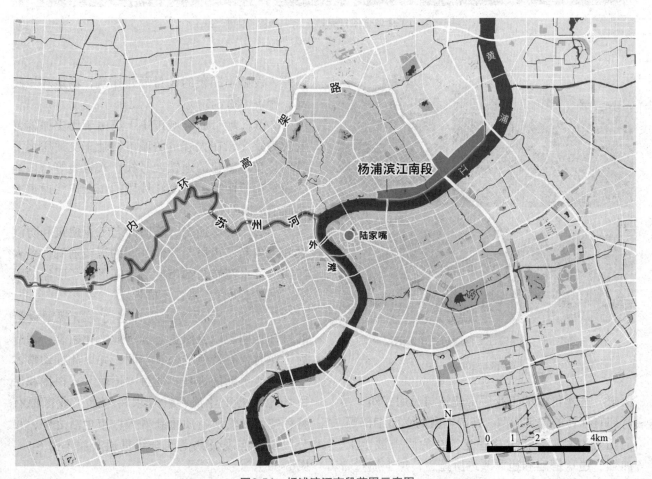

图6-54　杨浦滨江南段范围示意图

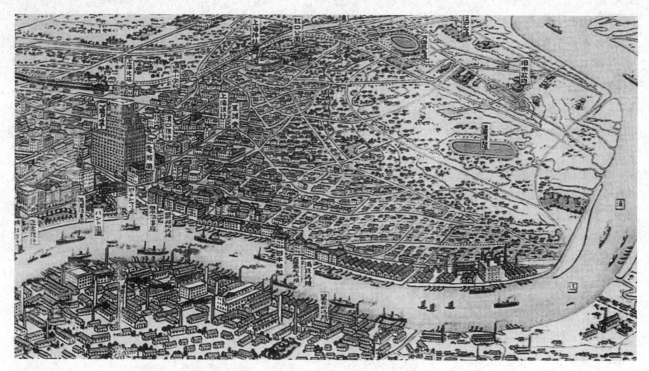

图6-55　1939 年金子常光绘上海鸟瞰图（钟翀，2011）

怡和纱厂锯齿屋顶的纺车间(1911年)　慎昌洋行杨树浦工厂间(1921年)

江边电站-电厂(1933年)　建造中的江边电站5号锅炉间(1933年)

图6-56　杨浦滨江南段原历史建筑图

（章明等，2019）

历史、艺术价值的工业厂房建筑与民用建筑，尽管拥有独特的建筑造型、精美丰富的立面细部等，但随着岁月的流逝，这些建筑在使用中被尘土、油烟、违章搭建和违章改造所掩盖，加上质量普

遍差、设施不完善的大量插建建筑，场地环境凌乱、萧条（图 6-57）。

②滨江地带原有城市主干道由于历史原因普遍较为狭窄，在大容量的城市机动车交通压力下难堪重负。新建的地铁四号线、八号线等与该地段尚有一段距离，与滨江地段的步行连接通道人车混杂，极不顺畅。

③滨江沿岸拥挤、陈旧的老工业建筑和防洪设施也隔断了市民与黄浦江间的视线通廊，令人向往的滨水江岸与都市生活空间形成了明显的阻隔，滨江难见江，沿江不成景。

基于此，杨浦滨江公共空间更新规划设计的目标是期望以自然生态和工业文化引领，营造后工业时代有特色的公共空间，并以此推动整体空间功能更新的进程。通过"抢救"式挖掘和保留场地上的工业遗存，寻求将滨水工业区原有特色空间和场所特质重新融入城市生活之中，并分段逐步实现公共空间全线贯通开放（图 6-58、图 6-59）。

图6-57 杨浦滨江南段场地原状（引自谷德设计网https://www.gooood.cn）

图6-58 杨浦滨江南段更新后鸟瞰图（引自谷德设计网https://www.gooood.cn）

图6-59　更新后形成的广场遥望对岸天际线

图6-60　跑步道和骑行道

（引自谷德设计网https://www.gooood.cn）

6.7.3　更新策略及实施

6.7.3.1　梳理交通流线，塑造三条景观带

　　首先以步行优先为原则对地段内道路系统进行重新梳理，梳理时保留具有地标价值的路廊、线型、路名，同时实行点线结合、人车分流设计策略，在滨江的城市道路引入端建设地上或地下大型停车场；在滨江公共空间内部，建立完整、便捷的步行系统及游览车专用线，打造连贯的慢行系统。在此基础上整合形成3条景观带：即5.5km连续不间断的工业遗存博览带；滨江漫步道、慢跑道和骑行道（图6-60）并行的健康活力带；以及生态景观体验带。所有断点，如渡轮站，支流河，高桩码头和敏感区等都被高架的人行天桥或步道连接，实现了连续的步行动线（图6-61）。

6.7.3.2　构建生态化、有韧性的防汛体系

　　景观设计师通过与水利工程师合作，将原来单一防洪墙改造成两级断面。第一级墙顶部与保

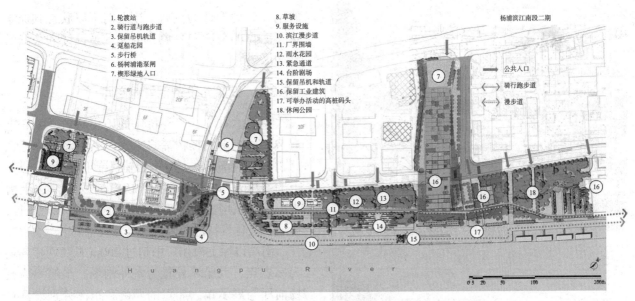

图6-61　杨浦滨江南段设计平面图（引自谷德设计网https://www.gooood.cn）

留的高桩码头地面高度相同，形成连续的活动空间。第二级墙采用了千年一遇的标准，位置后退了20~30m，完全隐藏在景观覆土和种植地形中（图6-62）。新构建的防汛体系以有韧性的方式在减少台风和暴雨威胁的同时，丰富了景观地形的变化。

此外，在城市道路与防汛墙之间设计雨水花园（图6-63），减轻了风暴期间市政排水网络的负担，地埋式的雨水收集装置，也为绿地提供了灌溉用水。在林下的架空木栈道和休憩平台节点中设置生态教育的空间，帮助人们了解海绵城市的意义。

6.7.3.3　保留更新老厂房，形成有历史特色的新功能空间

首先，将场地内具重要历史价值的旧产业建筑作为地标予以整体保留；以插建、修景等手段使之外部环境及外观更加完整、美观。其次，按博览空间等的要求，对保留对象的内部进行置景设计，包括光环境设计、展示空间设计、流线设计；尽量保留原厂房内的一些典型特征并加以妙用，如用拴船桩布置形成的矩阵（图6-64）；将门前吊架改为门廊，将行车用作连接天桥，将纵向走廊变成中庭等。最后，更新时留下充分的余地，

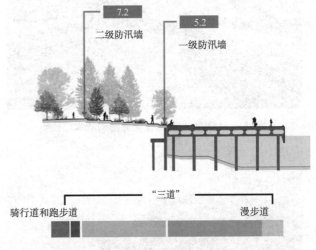

图6-62　防汛断面设计图

图6-63　杨树浦水厂滨江段雨水花园

图6-64　广场上用拴船桩布置形成的矩阵和保留的缆墩

图6-65　利用水中基础设施做结构的水厂栈桥

图6-66　生态之丘

以便日后根据展示内容进行二次室内设计。

在杨树浦水厂段的设计中，利用水中基础设施的结构作为栈桥的结构基础，实现了步行空间断点的贯通（图6-65）。同时将正在工作的基础设

施纳入景观设计的范畴，让人们可以欣赏到原来难得一见的角度和景象，也为景观设计和公共活动增添新的内涵。

6.7.3.4　设置九段特色景观空间

挖掘原有"八厂一桥"的历史特色，结合上海造船厂、上海杨树浦自来水厂、上海第一毛条厂、上海烟草厂、上海电站辅机专业设计制造厂、上海杨树浦煤气厂、上海杨树浦发电厂、上海十七棉纺织厂、定海桥等自身的空间与景观条件，形成9段各具特色的公共开放景观空间。

南端以原上海船厂中超过200m长的两座船坞为标志点，大船坞设置为室外剧场，小船坞为剧场前厅与展示馆，船坞的西侧和东侧分别设置可举办各类室外演艺活动的广场与大草坪，形成船坞综合演艺区。

中段在原烟草公司建设了3组指状渗透向城市延伸的楔形绿地。其中，宽甸路旁的楔形绿地保留并利用了上海烟草厂仓库的主体结构，通过体量消减形成跨越城市道路之上的生态之丘（图6-66），建立起安浦路以北区域与滨江公共空间的立体链接。在杨浦大桥下的滨江区域，以电站辅机厂两座极具历史价值的厂房为核心，改建更新为工业博览馆，将大桥下的空旷场地改造为工业主题公园，形成内外互动的综合性博物馆群和工业博览园。

最后在北端的黄浦江转折处，利用曾是远东最大火力发电厂的杨树浦电厂滨江段改造为杨树浦电厂遗迹公园，保留码头上的塔吊、灰罐、输煤栈桥以及防汛墙后的水泵深坑，植入塔吊吧、净水池咖啡厅、灰仓艺术空间、深坑攀岩等功能，使其成为整个杨浦滨江南段的压轴之作。

6.7.4　借鉴意义

上海杨浦滨江公共空间更新实践，连接了历史遗存与城市生活，是建设当代"人民城市"公共空间的经典案例（图6-67）。在更新规划设计中，通过公共空间体系的重构，整合了景观、建筑和防洪空间，既强化了杨浦滨江百年工业的厚

图6-67 杨浦滨江人民城市建设规划展示馆

重历史承载，又依托滨水景观空间的独特魅力，通过工业遗存的再利用、路径线索的新整合、原生景观的重修复、城市更新的"催化剂"，实现了杨浦滨江由生产岸线到生活岸线的转变，更实现了杨浦滨江片区百年工业传承的场所复兴。

思考题

1. 持续收集中外城市景观规划设计经典案例，思考高水平案例的共同特点和经验。

2. 剖析美国纽约高线公园作为最有影响力的城市景观发展模式的成功经验。

3. 思考杭州西湖西进更新对整个城市空间可持续发展的影响与意义。

拓展阅读

[1] 城市废弃基础设施的有机重生——波士顿"大开挖"（The Big Dig）项目. 李晓颖，王浩. 中国园林，2013，29（2）：20-25.

[2] 历时性保护中的更新——纽约高线公园再开发项目评析. 杨春侠. 规划师，2011，27（2）：115-120.

[3] 欧洲城市设计——面向未来的策略与实践. 2019. 易鑫，哈罗德·博登沙茨，迪特·福里克等. 中国建筑工业出版社.

[4] 多义景观. 2012. 王向荣，林箐. 中国建筑工业出版社.

第 7 章

城市景观规划设计教学实践案例

本章结合北京林业大学近年来的教学实践探索，详细介绍了"城市景观规划设计"课程教学中的作业安排和部分学生作业的展示解析，为相关教学实践提供参考。

7.1 北京"三山五园"绿道系统

7.1.1 课程题目

研究场地位于北京西北郊著名的"三山五园"地区。该地区自北京建城以来就成为维持城市生存最重要的水源地和自然生态屏障。清代盛期以来，随着皇家园林和行宫的兴建而逐渐成为北京城最集中的自然、文化遗产聚集区，也是中国传统人居理念中城市与风景完美融合的代表，堪称世界级"自然和人类的共同杰作"。

新中国成立以来，在北京历次城市总体规划中，尽管对以颐和园、圆明园为代表的历史名园保护都提到了相当的高度，但"三山五园"却几乎从未被视为整体来考虑。近年来，随着北京城市建设的进一步扩张，该地区承担的城市职能愈发复杂，整体景观格局逐步解体，其遗憾不亚于对北京老城的破坏。

如何充分发掘和积极保护该区域的自然文化价值，以及在与城市发展相协调的同时，如何逐步提升区域环境品质，已成为北京未来城市发展中极为复杂和重要的问题。因此，本课程规划设计教学题目探索利用区域生态网络构建、城市历史景观认知、绿道规划建设等领域的前沿理论和科学分析方法，与现状条件紧密结合，从整体和局部两个层次，创造性地提出既有前瞻性，又具备可实施性的城市绿色空间系统提升和文化景观格局重塑方案。

7.1.1.1 题目介绍

①项目名称　北京"三山五园"绿道系统规划设计。

②项目范围　本次研究的"三山五园"历史文化区域的边界为：北界，永丰路—马连洼北路；东界，上地西路—城铁 13 号线—双清路；南界，成府路—中关村大街—海淀南路—苏州街—长春桥路—远大路—西四环北路—北坞村路—闵庄路；西界，海淀区与石景山区、房山区交界线；西北界，以小西山南北山脊为界，局部区域根据等高线以及实际需要扩展，总面积为 81.33km^2（图 7-1）。

7.1.1.2 规划设计任务和工作内容

（1）总体规划阶段

①核心任务　从如下角度展开专题研究，包括现状部分（用地、交通条件、绿地水系、文化遗产、建设强度与建筑风貌）、历史部分（水系演变、园林发展、非物质文化遗产）。探讨"三山五园"地区绿道的选线模式和路径规划途径，允许对这一地区的绿地、水系要素的空间分布及必要的城市建设进行调整，以满足进一步保护历史环境、提升景观风貌、完善城市功能、合理促进社会经济发展及改善民生的目的。

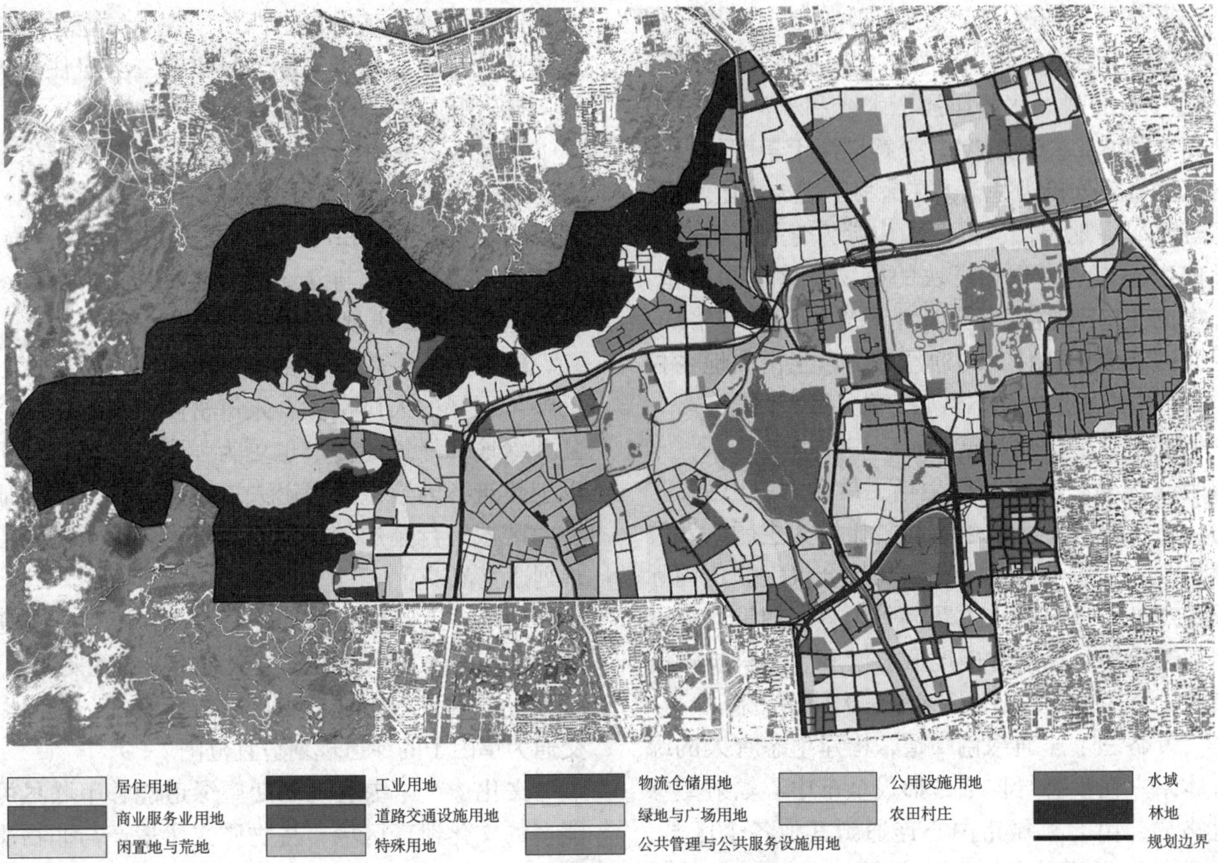

	居住用地		工业用地		物流仓储用地		公用设施用地		水域
	商业服务业用地		道路交通设施用地		绿地与广场用地		农田村庄		林地
	闲置地与荒地		特殊用地		公共管理与公共服务设施用地				规划边界

图7-1 "三山五园"研究范围和用地

②成果要求 现状分析图、绿道规划总平面图、相关城市建设要素调整规划图，能够充分说明规划思路的结构等相关分析图，绿地系统、水系统、慢行系统与服务设施、植被系统等专项规划图。

（2）重点地段设计阶段

①核心内容 在已完成的绿道总体规划研究的基础上，选择不小于40hm²的地块进行详细设计，形成与规划定位、结构、功能相呼应，满足公共休闲、文化、生态等综合功能的城市绿色开放空间。同时，选取该设计中涉及的技术专题，如城市建筑组团、街区设计、植物生态景观营造、雨洪管理或相关生态工程技术等，查阅资料，绘制平面图及构造图。

②成果要求 区位及现状分析图、理念阐释图、开放空间设计总平面、设计分析图、竖向设计图，种植规划图，总体鸟瞰图，节点平面及透视效果图，剖面图，技术详图或细部构造图，设计说明等。

7.1.2 学生作业成果（1）："三山五园"绿道总体规划和香山街道片区概念设计*

7.1.2.1 方案介绍

学生团队成员：尚尔基、李娜亭、周珏琳、王训迪、孙津、高琪、吴晓彤。

该方案中"三山五园"地区绿道规划主要遵循4个策略：

---

* 学生作业成果中的图片均由学生绘制。

策略一：调整山水关系，改善生态格局，创造自然绿色基底。根据自然汇水线梳理全区水系，形成区域水网，北部加强汇水线和旱河的连接，补充旱河水，一定程度上缓解旱河干旱度；以地表植被覆盖分析为基础，在潜力区增加绿地面积，完善区域绿地组团。以西山山脉为骨架，各组团形成生态斑块，根据斑块的植物群落不同类型，产生的生态效益度有异，并形成相互影响格局，因而网状成为整体的沟通纽带，产生由山地乡村向城市中心发展的生态格局，融入城市内部。

策略二：优化游览路径，串联公园体系，丰富观光体验，塑造品质生活，展示"三山五园"的历史文化特征。以生态科技旅游为主题，发展湿地观光、农业科技游览、高档会议度假、国际教育观摩、生态科技主题园等内容。侧重皇家园林观光旅游、山地休闲度假旅游和生态科技休闲旅游3个主题，共同塑造未来三大旅游品牌。

策略三：连通绿色廊道，构建生态宜人的绿道体系。在生态导向下，形成全市中心辐射型绿道格局，由北京城市中心连通到其他各个区县，形成市域绿道体系构想。规划区的两个对外接口——八家郊野公园和长春健身园，均作为全市绿带系统构建的预留衔接点。

策略四：以绿道景观为媒介，发展绿色经济。在维护生态环境的前提下，积极引导休闲旅游、科技创新和教育等生态友好型产业向该地区聚集。以优化、整合和完善现有的发展空间为主，改善生态环境，引导高品质、组团式集约发展，防止高密度连片开发。

"三山五园"地区的绿道规划以现状绿地分布为基础，根据上位规划，移除少量三类居住用地和商业用地，变为绿地与广场用地以及公共设施用地。"三山五园"绿道的选线通过层次分析法（AHP）将地块肌理、水系、建筑、道路以及文化遗产等要素叠加，最后得出合理的绿道选线范围（图7-2）。

地块肌理：这是绿道规划的基础。根据现状山水格局和现状用地，分析地形、汇水、坡度和坡向等要素并进行叠加，提炼出绿道规划的最大可行区域范围，其中包括西山、现状绿地和可变成绿地的用地，如废弃地、村庄和三类居住用地等，得出绿道建设的最大潜力范围。

水系：人具有亲水性且水系具有较大的生态潜力和连通性。因此，根据规划地区现状，分析水系的水量、水质和可亲近度，并进行适当评价，计算水系缓冲区，与绿地潜力区叠加，得出以水系为单因子的绿道规划适宜范围。

建筑：其层高、密度和容积率在一定程度上反映了区域的人口密度。人口密度较高的区域对公共绿地和绿道的需求也更为强烈，因此，分析以上建筑各因素可以得出人口密度，将其与绿地潜力区域进行叠加，得出以建筑为单因子的绿道规划适宜范围。

交通：道路级别、拥堵程度、可达性、交通枢纽分布、停车场分布是与交通相关的重要要素，将以上各因素与绿地潜力区域进行叠加，得出以交通为单因子的绿道规划适宜范围。

文化遗产：绿道规划期望绿道能够串联尽可能多的文化遗产区域，将物质文化遗产与非物质文化遗产按照级别不同，设定不同的辐射范围，并将其与绿地可行区叠加，得出以文化遗产为单因子的绿道规划适宜范围。

将水系、建筑、交通和文化遗产单因子与绿地潜力区叠加的结果再次进行叠加，得出绿道规划选线建议范围。颜色越深代表绿道建设的需求与可行性越高。删除选线范围内的封闭型单位，将颜色最深的区域进行串联，得出最终的绿道选线方案。

"三山五园"绿道规划结构以颐和园为核心，城市级绿道带和南北向的水系为轴线，划分为两园文化景观区、郊野田园景观区和西山山地景观区3个片区，各级公园绿地呈多点状分布，社区级绿道网络呈网状脉络分布，其中，形成"一心""一带""一轴""三区""多点"与"织网"的结构（图7-3）。

随后，选取香山中心片区为重点设计地段。该片区总面积约41hm^2，位于香山公园大门与公交枢纽之间，呈现"三面环山一面城"的态势，游

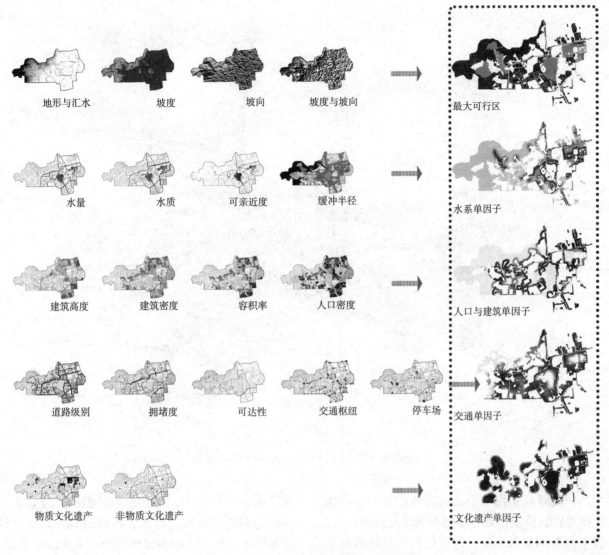

地形与汇水　　　坡度　　　　坡向　　　　坡度与坡向　　　　最大可行区

水量　　　　水质　　　可亲近度　　　缓冲半径　　　　水系单因子

建筑高度　　　建筑密度　　　容积率　　　人口密度　　　人口与建筑单因子

道路级别　　　拥堵度　　　可达性　　　交通枢纽　　　停车场　　　交通单因子

物质文化遗产　　非物质文化遗产　　　　　　　　　　　　　文化遗产单因子

图7-2　"三山五园"绿道选线因子叠加分析

客与居民混杂，现状建设混乱，地段坡降较大。设计地段是绿道从城市延伸到自然的收尾，同时又位于"三山五园"的轴线上。设计构思以解决暴雨积水问题为核心，以原有地形为基础，在绿地中设置几个汇水片区，对暴雨期的雨水进行拦截和消纳。同时，对香山片区慢行交通、建筑和绿地空间进行系统梳理，提升历史文化价值，实现旅游和生态、文化保护的共生（图7-4）。

节点一：位于设计范围的东部，是"三山五园"绿道与香山的接入点。场地内保留了部分风貌优良的现状建筑，同时也拆除了大部分风貌较

差的建筑，结合现状地形特点，并考虑整个香山片区内的地形与汇水趋势，场地内设置了两处下沉的雨水花园，同时适当抬高中央绿地。节点一西部为轻轨车站，因此在其周边设计了一系列场地以满足休憩需求，在轻轨站东侧布设自行车租赁点，方便游人进入绿道内游赏（图7-5）。

节点二：主要解决交通问题，将公交总站置于地块东侧，为减少东侧车流对地块内的干扰，设置了地上大巴停车场以及地下车库，东侧有2个入口，西侧有2个出口，地上设置了8个人行出入口。地上主要交通流线为从公交总站到香山

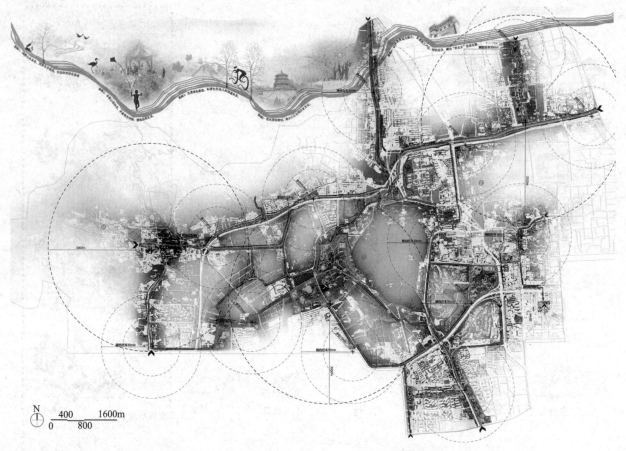

图7-3　"三山五园"绿道规划总平面图

片区的快速通行道路与南北向轻轨站和中心广场的连接道路，重点设置了东西向和南北向的广场，可以在高峰期集散人流，还可以提供足够的活动场地。除此之外，地块东南侧绿地主要服务于周边社区，提供了充足的休息与活动空间。由于地下部分是停车场，因此地上部分主要采用以灌木为主的植物群落，减少对地下承重的荷载，地上部分也结合地下的柱网结构设置了休憩的廊架（图7-6）。

节点三：位于买卖街和煤厂街之间的中央绿地，现状为少量三类居住用地和荒地，设计中开拓出整合度较高的绿地空间，形成"东城西林，北禅南市"的格局。其中，西侧延续香山自然山林景观，逐渐向东过渡为城市景观。现状居住、商业、交通阻隔了场地中央绿地与周边绿地的空间联系，因此，中央绿地设计多条连通买卖街和

煤厂街的视线绿廊，打破街区的阻隔，建立了中央绿地和周边绿地的联系，将绿地延伸渗透入居民生活中，使香山中央绿地成为一个集历史文化、生活休闲和生态多元为一体的"城市客厅"。根据煤厂街和买卖街"北禅南市"的历史街区氛围，中央绿地也营造出"北静南动"的活动空间。北侧靠近煤厂街设置绿化隔离带，活动空间多且较为私密幽静；南侧贴近买卖街，空间丰富，活动类型也富有活力。道路划分为3个层级：一级道路承载东西向和南北向的主要人流；二级道路实现内部环路；三级道路连接重要节点。场地高程西高南低，通过地形和植物引导游人视线，实现步移景异的效果，吸引游人进入景区。场地内通过局部下挖预留阻滞雨水径流的下凹绿地，能够有效缓解自山上冲刷而下的雨洪压力。设计排水方式为道路排水和排水沟排水两种（图7-7）。

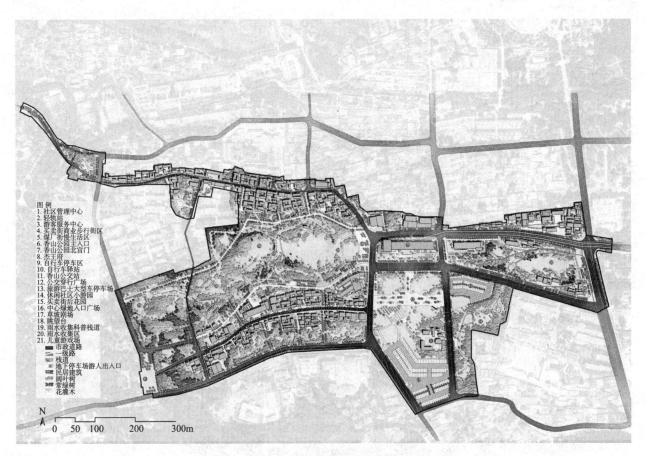

图例
1. 社区管理中心
2. 轻轨站
3. 旅客服务中心
4. 买卖街商业步行街区
5. 煤广街博生活区
6. 香山公园主入口
7. 香山公园北宫门
8. 杰王府
9. 自行车停车区
10. 自行车驿站
11. 香山公交站
12. 公交穿行广场
13. 旅游巴士大型停车场
14. 休闲社区小游园
15. 买卖街后花园
16. 中心绿地入口广场
17. 草坡剧场
18. 眺望台
19. 雨水收集科普栈道
20. 雨水收集区
21. 儿童游戏场
━━ 市政道路
━━ 一级路
━━ 栈道
▨ 地下停车场游人出入口
▨ 民居建筑
▨ 阔叶树
▨ 常绿树
▨ 花灌木

N

0 50 100 200 300m

图7-4 香山片区设计平面图

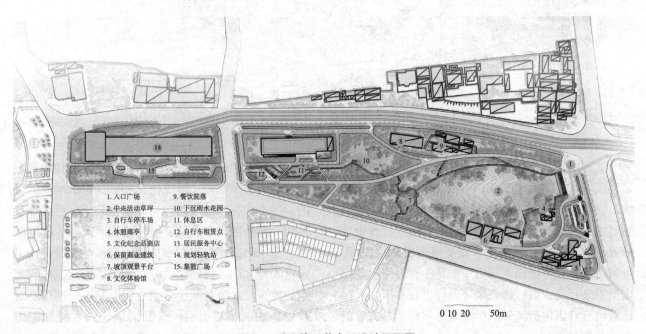

1. 入口广场
2. 中央活动草坪
3. 自行车停车场
4. 休憩廊亭
5. 文化纪念品商店
6. 保留商业建筑
7. 坡顶观景平台
8. 文化体验馆
9. 餐饮院落
10. 下沉雨水花园
11. 休息区
12. 自行车租赁点
13. 居民服务中心
14. 规划轻轨站
15. 集散广场

0 10 20 50m

图7-5 香山片区节点一设计平面图

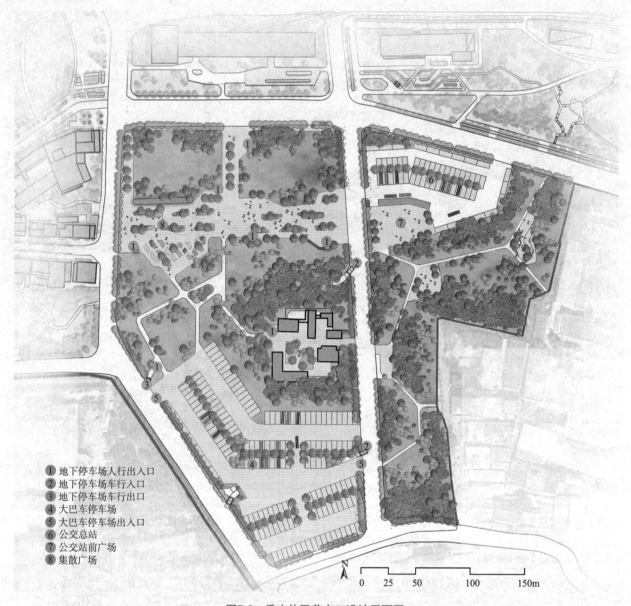

①地下停车场人行出入口
②地下停车场车行入口
③地下停车场车行出口
④大巴车停车场
⑤大巴车停车场出入口
⑥公交总站
⑦公交站前广场
⑧集散广场

N

0   25   50   100   150m

图7-6 香山片区节点二设计平面图

大西山宏观层面流域面的关系为从西山东南侧完整流域面至主汇水流域，再到设计地块相关小流域，它位于大流域的上游，因此设计地块相关流域对雨水进行控制会对下游产生有利影响。设计地块地表径流分为两个流向，一是下游香山南路以南，可以缓解地块下游雨水压力；二是沿香山路引流排出至香泉环岛，可缓解香泉环岛桥下积水压力。设计地块有意识地截流和有组织地排水等都是有效的雨水控制管理措施。从子流域角度考虑雨水管理，通过树冠、地表截流、绿地滞留以及绿地和地表下渗，达到减少径流、降低流速和减少排出水量的目的。排水沟纵断面改造包括6项策略：自然状态直排沟、陡坡区沟面改造、缓坡区沟面改造、缓坡区结合滞水改造、排水沟衔接周边滞水池和结合栈道游览的排水沟。实施雨洪管理相关措施后，场地产生的地表雨水流量减少，有效缓解暴雨时期雨洪对香山地块的不良影响。设计后场地雨水缓解能力如下：1年一遇暴雨时，地表雨水可全部消纳；5

图7-7 香山片区节点三雨水管理分析图

年一遇暴雨时，68% 地表雨水被滞留，向下游排出 9525m³；10 年一遇暴雨时，59% 地表雨水被滞留，向下游排出 14 229m³；50 年一遇暴雨时，45% 地表雨水被滞留，向下游排出 25 150m³；100 年一遇暴雨时，40% 地表雨水被滞留，向下游排出 29 853m³（图 7-8）。

7.1.2.2 教师点评

该组作业在"三山五园"绿道选线规划中运用了非常成熟的土地适应性分析方法，分别从可建设区域、水系生态系统、人口密度与建筑布局、交通和文化遗产价值等方面进行了单因子适宜性分析评价，并最终划定了绿道选线。该方法针对像"三山五园"这样的复杂区域进行分析有非常显著的优势，可以将复杂的需求拆解成为一系列相对独立的内容，逐项进行分析评价，最终合并做出符合多种需求的最优决策。

在设计阶段，学生选择香山地块作为研究对象，非常准确地抓住了香山地块的主要问题：旅游造成的交通拥堵、历史区域的衰退和由于旅游造成的混乱，以及作为泄洪通道的洪水隐患。面

对这些复杂问题，作业成果表现出了较为优秀的解决问题能力，通过统筹设计对区域交通和周边地块的功能进行了系统梳理，通过精细的雨洪数据计算，利用建设绿地的机会对整个区域的雨水进行了设计管理。

7.1.3 学生作业成果（2）："三山五园"绿道总体规划和北宫门—安河桥北片区概念设计

7.1.3.1 方案介绍

学生团队：佟思明、崔滋辰、李璇、王晞月、李媛、徐慧、莫日根吉、Mosita。

该规划尝试以绿道作为载体，对场地可利用及可恢复的资源进行整理，并通过筛选、叠加等手段，形成以文化遗产型绿道为主，兼有健康休闲、生态保护功能的城市绿道，以达到保护环境、传承历史、提升景观风貌、完善城市功能以及改善民生的作用。

"三山五园"绿道规划主要依托以下策略。

①连接策略 绿道在城市尺度上是线性的开

雨洪管理模式

雨洪管理分析
大西山宏观流域分析   场地汇水分析   分析冲沟范围

划定冲沟路线   确定冲沟引流方向和雨水滞留区域

图7-8　香山片区雨水管理分析

放空间，通过连接"三山五园"文化遗产、生态要素、公园绿地、基础设施等，形成绿道网络骨架。规划中，点状资源可通过相离和相交的方式与绿道连接，绿道可以通过相交、相接、相离3种方式与面状资源连接。

②叠加策略　针对绿道具有的不同功能，在街区尺度上，将绿道选线需要考虑的资源因子，如地铁站、公园出入口、居住区出入口、河道、绿地等进行叠加，从而得出最优线路选择。

③分离策略　包括慢行分离策略，即为了营造舒适的慢行环境，在街道尺度上，绿道规划尽可能在垂直或水平空间上将慢行道与车行道分离，

使绿道尽量远离拥挤的交通地带和高密度、高人流量的建筑群，提升绿道慢行与活动体验，同时保护绿道作为生态廊道的功能。

场地内现状的可利用资源主要可分为历史文化资源、水系资源、交通资源和绿地资源。通过对场地性质和用地状况的分析，可以推断出场地的使用者和潜在使用者，再将基底资源与该资源使用者来源去向的图底叠加，可筛选整合成绿道选线（图7-9）。

绿道路径确定后，通过对沿线资源及现状条件的分析将绿道进行分类分级，包括沿道路绿道路径、沿水系绿道路径和沿绿地绿道路径。根据

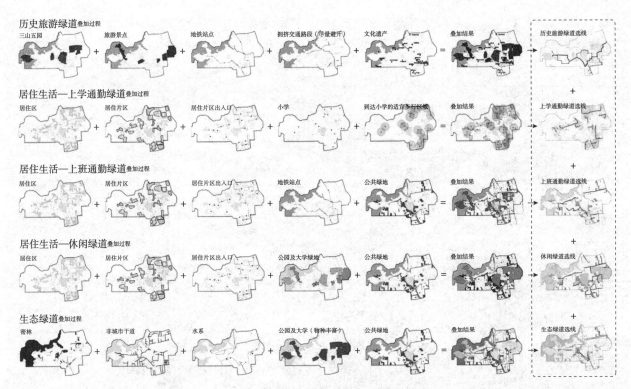

图7-9 "三山五园"绿道选线分析

绿道可利用宽度将每类绿道路径分为2级，形成绿道路径规划图。规划完成的"三山五园"绿道全长78.8km，总面积557hm²。"三山五园"绿道贯穿现有城市生态廊道，成为新的蓝绿色基础设施。同时，"三山五园"绿道形成完善而舒适的慢行系统，为周边居民提供日常的休闲活动和通勤的绿色空间，也串联了大量高水平的历史文化资源（图7-10）。

绿道选线完成后，根据绿道与居住区、皇家园林、历史遗迹、城市公园的关系，沿绿道选线以500m为半径划出绿道的服务范围。经评估，设计绿道服务范围包括了此区域90%的居住区出入口，连贯所有皇家园林，覆盖了84%的历史遗迹点和100%的城市公园出入口。

详细设计地段位于颐和园北宫门至安河桥北片区，总面积48.6hm²（图7-11）。场地内部有多条快速路、城市主干道及高架穿越，交通量大，造成场地内地块破碎，步行舒适度低，绿地游赏空间被机动车道阻隔。场地北侧临近安河桥北地铁口，西侧临近中国地质科学院出入口，南侧临近颐和园北宫门。场地北部安河桥北地铁口附近有多处停车场；南部靠近颐和园，有专用停车场。场地内部有多处公交站点，北部临近安河桥北地铁站，地铁北宫门站位于场地东南向。场地中部有多处桥梁，如安河桥、青龙桥。京密引水渠贯穿场地南北，清河呈东北—西南走向。

在总体规划中，有5条绿道深入场地内部，如何结合场地的复杂交通，充分利用场地四周的空地，将5条绿道联系起来，是设计要解决的主要问题。设计策略中，主要通过局部调整机动车道，扩展外围可利用空间面积。同时，设环形慢行绿道串联四周可利用空间，减少机动车对慢行道的干扰，营造舒适的步行环境。主要包括：

①慢行环线设计 通过营造这条环形宜人舒适的慢行道，增强与区域间的联系；通过塑造环线上的活动节点，提升居民和游客的生活、游览品质；同时，环线与外围5条绿道连通，将场地外围的文化与活力潜入场地内，以发挥这个地块作为城市连接点的作用，改善其难以利用的交通点现状。

②两处门户 包括位于场地内北侧的安河桥

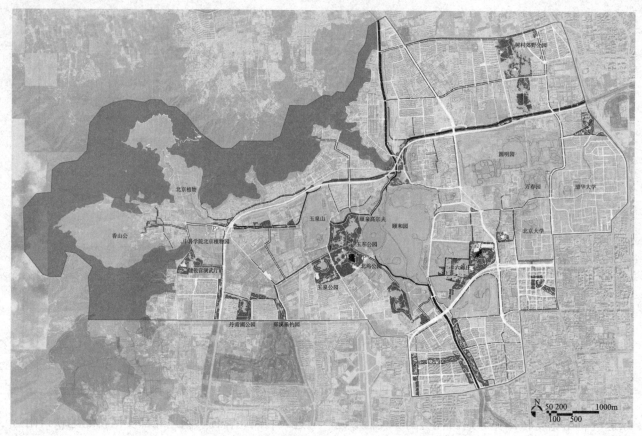

图7-10 "三山五园"绿道规划总平面图

北地铁站及场地外东南侧的北宫门地铁站，是绿环上的两大门户，这里人流量大，机动车交通复杂，是进入环线的主要入口。

③四片功能区 场地北侧为居民区、东侧为学校（中央党校）、南侧为文化遗产（颐和园）、西侧为山体，结合周围环境，绿环北、东、南、西四面功能定位分别为：生活运动、生活游憩、历史旅游、生态休闲。

④七个活力节点 对应 4 个功能区，场地从北到南依次为安河桥北地铁站区、活力运动区、连桥、生态山林区、滨河休闲区、古街风情区、北宫门前广场。

⑤服务驿站 场地设置一级驿站 1 处，二级驿站 2 处，三级驿站 2 处。服务范围覆盖整个地段。

节点一：青龙古街（图 7-12）

位于地块南部，南临颐和园北宫门。场地以历史上的青龙古道和古桥为主结构，结合颐和园

北宫门的交通和功能需求，设计为可供休闲游览的古街巷，街巷内包含商铺旅店、文物古迹、公共空间等。设计后的颐和园北宫门外区域车行、人行分流，停车空间充裕、活动内容丰富多样，再现历史风貌。

现状交通混杂，停车混乱，商贩杂乱，人行舒适度极低。然而，这里历史底蕴浓厚，有青龙古街、青龙桥、慈恩寺等历史文化遗产，由于位于颐和园北宫门外，还具有人流集散、游客接待、文化展示、旅游业拓展等功能需求。

设计将该地段改为可供休闲游览的古街巷，街巷内包含商铺旅店、文物古迹、公共空间等。街巷内机动车限时通行，营造舒适的步行环境，街巷外规划有车行道。设计后的场地人车分行，停车空间充裕、活动内容丰富多样，再现历史风貌。

以历史遗迹"慈恩寺"为轴，青龙桥西街为主街，后设有小街，并通过青龙桥与河西侧街道

相连，古街轴线上设有多处小空间，形成开合的空间节奏，丰富街巷体验。功能上河西古街以旅店、茶室、餐饮功能为主，建筑体量较大，河东侧古街以零售、小卖为主。

颐和园北宫门两侧不设停车场，而将停车场整合于其北侧空地，扩大颐和园前广场范围，成为可供游客和旅游团使用的集散广场。在原青龙桥南侧设一座新桥，联系两侧车行道，保证青龙桥的人行需求。

节点二：观光连廊和活力运动场（图7-13）

环形绿道行至这里，由于京密引水渠及其两侧的车行道被阻隔，无法在地平层面衔接。因此，设计中采用高架景观桥连接，跨越京密引水渠并与机动车道连接，空中步道同时也提供了鸟瞰全区的视点。

高架的五环路下方空间不宜种植植物，考虑周边居民区较多，缺少运动场地，在此设计桥下青年运动场，场地内设有篮球场和滑板场，并结合地形设计座椅和攀缘场地，为市民提供多样的活动内容。

节点三：安河桥北城市公园（图7-14）

场地位于安河桥北地铁站外，设计改造了现有机动车道，使场地不被机动车穿行和分割。调

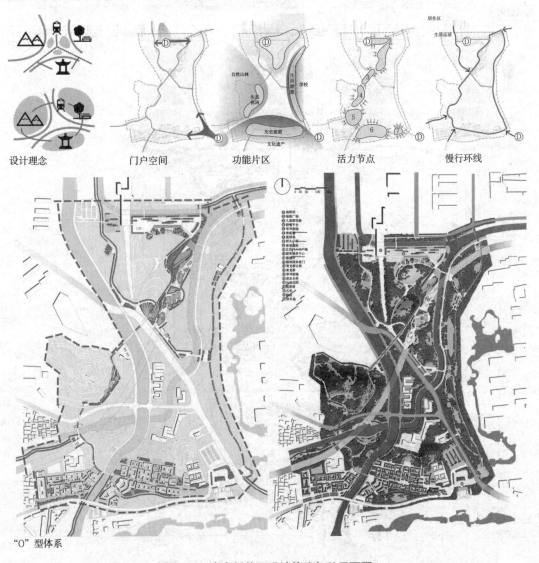

设计理念　　　　门户空间　　　　功能片区　　　　活力节点　　　　慢行环线

"O"型体系

图7-11　青龙桥片区设计策略与总平面图

入口牌坊　二级服务驿站　　慈恩寺（文化遗产）　　单位大院（现状）　　停车场

高档旅店

停车场　　青龙桥　　阳光草坪　　景观亭　　游客服务中心　　古街入口树阵广场　　颐和园北宫门影壁

图7-12　青龙古街设计平面图

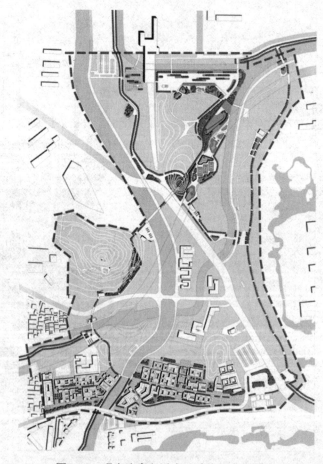

图7-13　观光连廊和活力运动场设计平面图

图7-14 安河桥北城市公园设计平面图

整后的完整地块内设计有广场、儿童活动场地、休憩设施等，同时与清河的优美景观结合，营造供市民游客停留等待的舒适空间。

7.1.3.2 教师点评

该组作业在绿道选线规划中同样运用了土地适宜性分析方法。与前一组作业相比，本组学生作业首先对规划需要承载的功能进行了细致的分析，根据区域的特征确定了历史游览绿道、上学通勤绿道、上班通勤绿道、休闲绿道和生态绿道共5种绿道类型。随后，对每一类绿道的选线因素分别进行分析，确定每一类绿道的最适宜路径，进行叠加、优化后得到总体的绿道选线规划。对于可承载绿道的空间，该组学生作业也做了非常全面的研究和总结，主要包括水系资源、交通资源、现状绿地资源和潜在的可进行城市更新的区域。

在设计阶段，该组学生选择了安河桥北片区。该地段是非常典型的被快速交通、河流分割的破碎空间，也是未来城市景观建设中极具潜力的可整合利用空间。学生提出的解决方案也较为巧妙，通过一条慢行路径对整个片区进行了缝合，重新梳理可进入该区域的门户空间，结合现状的场地条件，对整个片区赋予不同的功能特色，并结合

慢行路径串联了一系列服务节点和小型公共空间，从而使整个区域重新回归公共视野。

7.2 北京北中轴地区绿色微更新

7.2.1 课程题目

高品质城市的一个重要特征就是提升城市的公共服务质量。不同学科都在探索中国新型城市化的质量提升模式，从风景园林的视角来看，建设高品质的城市绿色公共空间系统是获得高质量城市服务的重要内容，对城市品质提升效益非常显著。过去，人们往往更加关注扩张型城市（城市新区）的公共空间建设。今天，已建成区的绿色公共空间系统建设已提上日程。此类公共空间建设具有特殊性和挑战性，因为城市已经完成基本建设，空间的制约非常明显。风景园林需要利用城市更新的机遇和挖掘未充分利用的城市空间潜力开展设计，此类空间的利用需要更加结合场地现状的精细化分析手段和创造性的设计介入模式。同时，由于用地比较复杂，需要与城乡规划、建筑、交通、水利等多学科开展密切的合作。

本题目聚焦北京的北中轴线及周边城市建成区。这是北京城市发展具有特殊历史意义和重要价值的区块。北二环路及护城河是明清京城古城遗址的一部分；青年湖、柳荫公园等是新中国成立后早期公园建设的代表性成果；中华民族园、奥体中心（公园）、奥林匹克中心区等是改革开放后大型活动引领建设的标志性成就。本次规划设计工作在北京市"城市功能疏解""绿道建设""2008奥运遗产再利用"和"2022冬奥会筹办"的大背景下，试图通过精细化的区域调研、发掘绿色更新潜力空间，提出合理、可实施的空间更新策略，构建一个从北京老城区向北延伸至奥林匹克中轴线的北京中央城区绿色公共空间网络。

7.2.1.1 题目介绍

项目名称：北京北中轴地区绿色微更新

项目范围：北京北中轴区域，本次研究的边界范围为以北京城市中轴线为中心，南起北二环，北至北四环，西以学院路、北三环和京藏高速为界，东至和平里西街、北三环和安定路一线。总体研究范围约为180hm²（图7-15）。

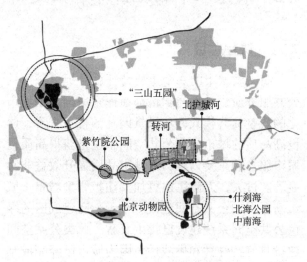

图7-15　北京北中轴地区区位

7.2.1.2 规划设计任务和工作内容

（1）总体规划阶段

核心任务：课程将场地拆解为4个地块，进行分组研究。通过精细化的图纸和现场调研分析，

对现有城市绿色空间、现状可利用潜力空间和城市可更新区域进行评价和挖掘，完成具有前瞻性、可实施的城市绿色公共空间网络。规划需要考虑与南侧旧城中轴线和北侧奥体中轴线的呼应，并考虑各地块之间及与周边区块的衔接关系，最终形成一个完整的北中轴区域绿色公共空间网络。

成果要求：宏观区位及各专项分析图，综合现状系列分析图，绿色更新用地潜力图，城市开放绿色空间规划总图（结构图），功能、绿地、水系、慢行交通、更新方式、服务设施等专项规划图等。

（2）重点地段设计阶段

核心内容：在已完成规划的基础上开展深化设计，考虑与上位规划定位、结构、功能相衔接，完成具有公共休闲、文化、生态等综合功能的城市绿色公共空间网络设计。同时，选取该设计中涉及的技术专题，如街区设计、植物生态景观营造、雨洪管理或相关生态工程技术等，进行资料的查阅和平面及构造图纸的绘制。

成果要求：区位及现状分析图，理念阐释图，开放空间设计总平面图，设计分析图，竖向设计图，种植规划图，总体鸟瞰图，设计效果图，剖面图，技术详图或细部构造图，建筑单体或组团概念方案，设计说明等。

7.2.2 学生作业成果（1）："绿地+"——基于复合型绿地整合的北中轴绿网更新

7.2.2.1 方案介绍

学生团队：王思杰、蒋鑫、宋怡、邢露露、姜雪琳、韩炜杰、张希。

规划用地位于北京北二环与北四环之间的北中轴两侧，南侧连接老城区，北侧连接奥林匹克公园，东西两侧邻接文创产业区和海淀教育与高科技园区。规划地段在北京绿地系统中处于北边和西北边5条绿楔与北京老城区护城河绿带的连接处，并且与5条规划绿道相接，绿地的连接、整合潜力非常大。该地区在新中国成立初期基本为泥塘与野草的城外野地，20世纪60年代开挖了青年湖和柳荫湖，建设了多处厂房和单位大院，形成了早期建设基底。规划用地内绿地率为45%，人均绿地面积为37.22m²/人，远高于城区12.07m²/人的平均水平。然而地段内绿地连接性差，居住区绿地较为分散，无法形成体系。

规划愿景是借助功能复合型绿地带动整体绿网更新，同时提升该地段商业服务、历史文创、体育健身等设施水准，成为既有良好的绿色生活环境，又有丰富城市现代生活、充满活力的中心城区。

绿色网络边界确定的基本策略是：先选出该地段中相应的潜力空间地块；再依据现状绿地、历史文化、交通等资源，结合3个目标导向，用三类绿道把属于各自类型的潜力地块连接起来，构建出符合规划目标的多功能绿网。潜力地块的选择基于目标导向性，通过叠加人口热力图、现状绿地及基础设施、经评估后的可拆改建筑等因素得到最终结果，以满足更新城市绿色网络、强化历史人文景观和丰富城市现代生活的功能需求（图7-16）。

绿道选线也是基于目标导向型，分别得到生态休闲类绿道、历史文化类绿道、邻里生活类绿道。生态休闲类绿道通过叠加现状水体、现状绿地和潜在绿地因素得到；历史文化类绿道通过叠加历史遗迹、相关文化景点、潜力地块和公共交通因素得到；邻里生活绿道通过叠加居住片区、社区围墙及其出入口、公共交通、学校分布、商业分布、现状绿地分布及潜力地块因素得到。最后，现状绿地、潜力地块以及绿道选线相叠加得到最终的范围。

规划中赋予绿地更多的功能，"绿地+商业"产生经济效益；"绿地+历史文创"产生文化效益；"绿地+体育健身"产生社会效益。鼓励商业、文创、体育等功能的入驻，提高绿地人气，有人气之后绿网的维护、交通等问题便迎刃而解，借助市场和社会的力量完成整个绿网更新。基于"绿地+"的理念，以绿色网络的更新带动城市功能修补和生态环境修复，构建融合城市功能、完善慢行体系、注重生态环境的具有综合效益的绿色网络体系（图7-17）。

地段中心部分，3个最大的公园都集中于此，连接潜力巨大。规划中立足于提高3个公园间的连接性，着重设计2个连接节点。同时，根据新的公园出入口和边界，梳理出一条串联3个公园绿地的环线，使3个公园连接成一个体系。环线道路通过铺装和标识系统的设计，引导居民和游客进入公园活动。

对于各个社区部分，由西侧三大公园向东侧延伸至各个社区组团，进一步串联各个社区组团，形成连贯的街道绿色空间体系。城市级的街道绿

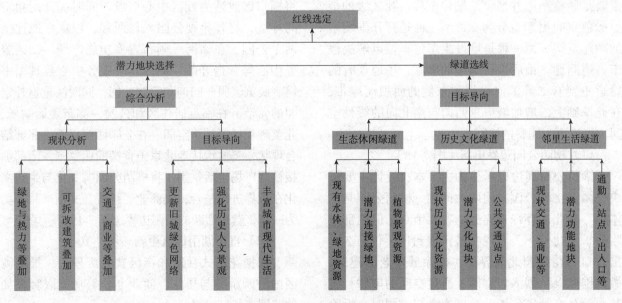

图7-16 绿色网络选线确定策略

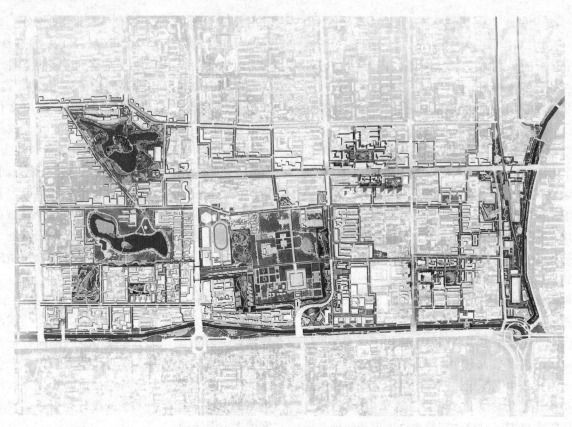

图7-17　北中轴地区"绿地+"规划总平面图

色空间更新分为2种：一是针对围墙阻隔造成建筑附属空间的浪费，策略是拆除围墙，构建绿色步行空间；二是路侧停车占道及人车混行问题，策略是调整车道并增设路侧停车位。社区级的街道绿色空间更新也分为2种：一种是打开围墙增加功能空间；另一种是增设生态停车位以解决停车占道问题。最后进行廊道的串联，场地现有的廊道主要有二环滨河绿带和东侧的西坝河绿带，在此基础上，增加城市东西向与南北向的线性空间，形成更为完整的绿网。

（1）柳荫公园边界更新（图7-18）

柳荫公园周边以居住为主，本次设计主要解决公园连接和公园封闭两大问题：柳荫公园是奥体中心与北二环绿道连通的重要节点，但内部道路曲折；此外，公园现状被围墙封闭，仅有3个出入口。在公园北侧界面，拆除低矮老旧建筑，微调围墙以拓展入口空间，通过空间的串联，将其作为具有社区氛围的公园次入口。同时，拆除

东北角低矮商业棚户，新增商业建筑，布置室外餐吧，营造亲水空间，将其作为极具商业氛围的公园主入口。在柳荫公园与青年湖公园衔接处，将棚户区改造为社区中心广场，同时提升街角空间环境，将青年湖公园入口西移，以更好地连接两个公园。在临街一侧布置多功能广场、社区服务中心等营造开敞空间，其中服务中心兼具图书馆、展览、服务问询和餐饮功能，同时注重室外空间的营造。在临近居住区和公园一侧布置运动场、儿童游戏场等林下空间。在公园西侧界面，北部结合现状，餐饮承接老北京美食街商业氛围，南部承接社区广场生活氛围，将柳荫公园柳文化与生态文化在边界进行整合，集商业、科普、文创产品售卖为一体，营造活跃的公园边界（图7-19）。

（2）青年湖南街区更新（图7-20）

依据花园式社区和街区式社区理论，推动街区内公园游憩与居住、商业办公等功能嵌套叠加的花园式街区设计。

地段内冶金社区建筑年久失修，因此设计中将所有建筑均拆除，腾退空间占地面积为 5.2hm²。用地南侧为洲际大厦等高端商业办公建筑，另三面相邻居住区，周边文教机构丰富。因此不同于以往居住区翻新策略，设计将原有居住用地重新划分为商业办公用地和公园绿地，叠加周边使用功能。根据城市功能性质在南边新增商业、办公综合体和社区中心，同时屋顶绿化全覆盖，满足周边人群使用需求。

通过花园式街区设计贯彻"绿地 +"的规划理念，增加屋顶绿化等绿化面积，充分发挥绿地的生态效益和社会效益。通过合理改变用地性质增加政府税收，提升场地及周边经济价值。通过雨水收集和径流控制完善城市 LID 系统。

(3) 地坛体育公园扩建

地坛体育馆与社区公园设计位于片区中心位置，范围为 9.8hm²。周边建筑主要为住宅和学校。设计地块内西侧以商业办公为主；中部以体育功能建筑为主；东部是地坛医院搬迁后的废弃地。地块紧邻地坛公园和青年湖公园，因此承担着联络三大公园的功能。此外，地块周边交通便利，步行通畅。主要设计地块三面围合，进入以步行为主。使用人群基本为附近居民和学生。地块内的地坛体育馆及周边建筑主要承载了东城区专业赛事举办的功能，同时为周边居民提供了室内常规运动的场地。

因此结合上位规划，地块设计侧重于与现有功能互补，以满足周边全年龄段的居民特别是儿童和青少年的户外体育锻炼活动的需求。设计策略是结合地形设计一条立体的环形跑道，增加跑道长度和趣味性。同时，还将地形分割出功能分区，包括青少年运动区、极限运动区、儿童游戏区、公共活动区和休闲活动区（图 7-21）。

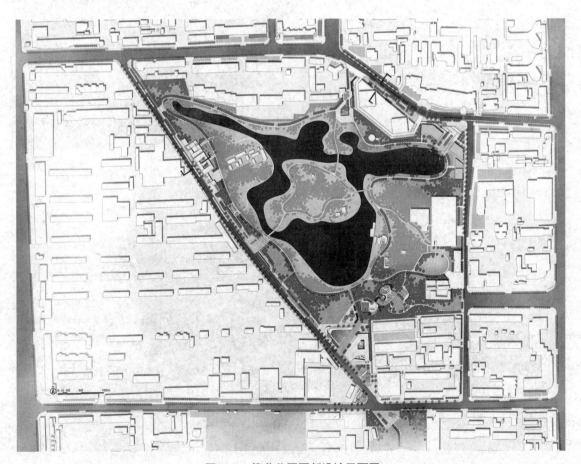

图7-18　柳荫公园更新设计平面图

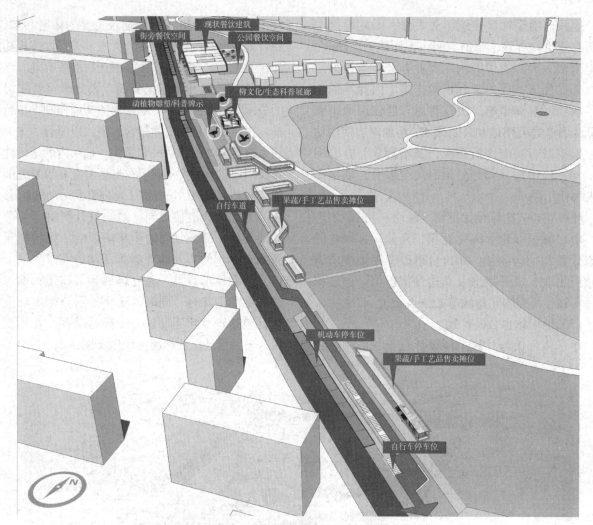

图7-19 柳荫公园边界更新分析图

图7-20 青年湖南街区更新设计

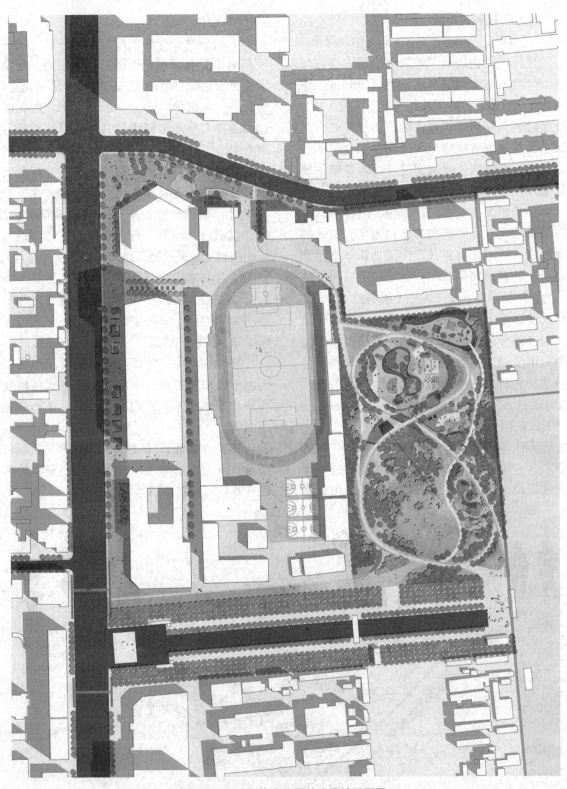

图7-21　地坛体育公园扩建设计平面图

（4）地坛公园周边更新

地坛公园周边更新延续了上位规划中"绿地＋文化"的设计定位。地坛围墙内部为历史遗迹保护范围，但考虑在大型节事活动时适当开放。围墙外围为规划绿地，是本次设计的重点区域。

设计时充分利用现状周边的历史资源和文化艺术景点，并且注意构建与周边大型绿色组团的连接。最终，在地坛公园周边设计一条活跃的景观带。另外，在对周边交通及停车状况进行分析后发现，日常情况下基本满足使用，但在地坛举行大型节事活动时，则呈现停车位不足、交通拥堵的状况。针对本地块在日常性活动和节事活动下动态变化的场地使用状况，提出以活动与事件为主导的弹性场地体系设计方法（图7-22）。

开放型场地上可以放置临时构筑物或可移动装置，配合各种类型的室外活动；置换型场地仅在大型节事活动时作为停车场使用，日常则作为市民活动的场所。两种策略通过分层叠加的方式得到设计后的活跃景观带。

（5）民旺园社区空间更新

民旺园社区作为新增的服务整个居住片区的绿色核心，占地面积 4.5hm²，旨在对场地进行景观提升的同时最大化地发挥其潜在功能价值，激发社区活力。

现状场地分为3个部分：棚户区、民旺园社区和街角商业建筑。根据目标导向对3块用地提出了更新定位：棚户区和民旺园社区建筑年代久、质量差，保留价值不大，因此全部拆除，临街新建商业办公建筑；街角公共建筑可保留作为社区服务中心。

对周边建筑出入口和流线进行分析后发现人车混行问题严重且多处道路不通畅，在设计中将人车进行梳理分流，车行从场地外部进入小区，内部仅供自行车和人行。此外，在考虑地上停车场的基础上设置了地下停车场以缓解停车压力。

结合功能需求将场地分为4大区块：商务办公开放空间、居民休闲区、运动健身区和社区中心，为场地赋予多种复合功能。中部步道主轴串联了4个片区，形成了一轴四区的格局。

细部设计中，北部商业办公建筑形成多条内街和中心庭院空间，中部的旱溪花园可以收集建筑屋顶雨水和主园路雨水，经湿生植物净化后收集利用。

基于"绿地＋"的理念，通过开放社区、激活商业、融合生态的手段，创造功能复合的新型社区开放空间（图7-23）。

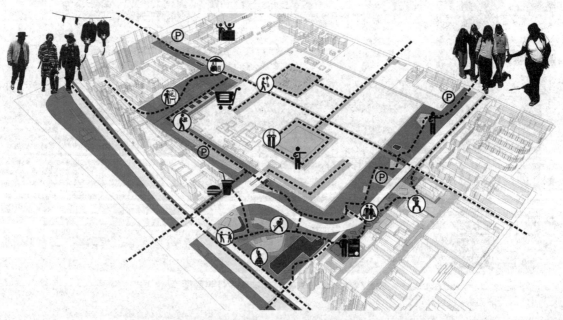

图7-22 地坛周边更新分析图

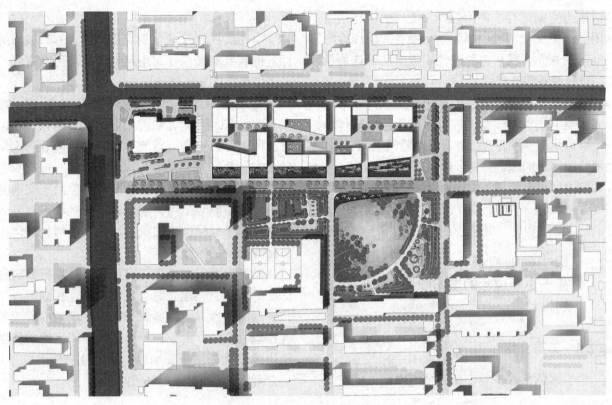

图7-23 民旺园社区更新设计平面图

（6）西坝河片区开放空间设计

西坝河片区的主要问题包括驳岸硬质化，缺乏亲水性；河道与城市界隔离，联系性较弱；滨河空间利用率低，活动场地较少；居住和商业建筑占地多，活动类型少。根据现场问题，提出结构连通、多类型袖珍公园与生态型河流绿地相结合的更新策略。

现状场地中包含了餐饮、居住、医疗、办公、零售、停车等多种功能，周边有快速路、主干道、次干道、支路和居住区道路，通过对小区出入口的分析，呼应场地的通行设计，分析场地性质，将地块分为生态自然区、生活休闲区、滨水游憩区和商业活力区。东西向街道现状问题较多，机动车占用了场地大量的空间，街道拥堵且缺乏活动空间。通过规划地上与地下停车场、增加自行车道、打破围墙的方式来解决现状问题，从而打开城市与西坝河的连接，梳理南北向交通（图7-24）。

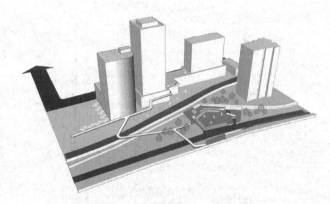

图7-24 西坝河片区连通分析图

7.2.2.2 教师点评

该组作业在规划阶段出色地完成了从空间挖掘、整合到以绿地为载体赋予更多综合功能的过程。公共空间网络的选择采用面、线结合的模式。在确定面状潜力空间时，首先梳理了现状绿地和结合城市更新可见绿地区域，并从建设旧城绿色网络、历史人文景观和公共休闲空间3个功能层面对潜力空间进行了评价选择，随后从构建生态休闲、历史文化游览和邻里生活服务3种线性绿道空间的视角，借用多种线性廊道对已筛选面状空间进行联系和整合。

绿地功能综合体思想的运用也是该作业的一个主要特色，采用"绿地+"的理念，绿地作为一个可以承载多种复合公共服务功能的空间载体。规划阶段对不同绿地的复合功能进行了综合考虑，设计阶段又可以依据上位规划所确定的功能目标，基于现状场地条件、问题和优势，开展以目标为导向的设计过程，并呈现出了优良的空间形式。

7.2.3 学生作业成果（2）："U"计划——基于更新理念的城市绿色开放空间规划设计

7.2.3.1 方案介绍

学生团队：许少聪、杨宇翀、罗雨薇、逄羽欣、刘心梦、耿菲。

中轴线在北京城市景观格局中具有"城市地标"的特殊意义，其周边用地的发展影响着北京城市景观特色的呈现。

场地位于北京市二环路以北、中轴线以西以及西城区、海淀区和朝阳区的交界地带，在生态、休闲等方面具有重要作用。场地内既有人定湖公园、北滨河公园等开放活动空间，也有太平湖、德胜门等重要历史文化节点，但由于交通割裂、用地局限等原因，场地内部景观状况参差不齐，现状绿地早已无法满足居民日益增长的休闲文化需求（图7-25）。

根据前期研究，规划设计在满足慢行系统舒适度的基础上，建立绿色网络，通过规划、设计和管理的线性绿色空间廊道，串联场地内零散的潜在绿色空间，形成一个连续的空间网络。借助地块区位优势，明确场地基本定位，提出以下4个方面具体的设计目标和策略。

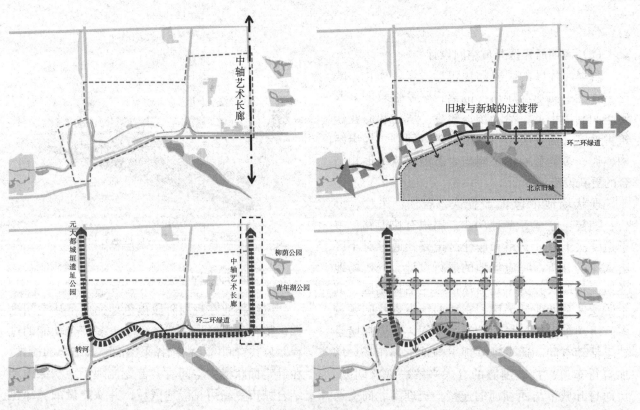

图7-25 总体规划策略

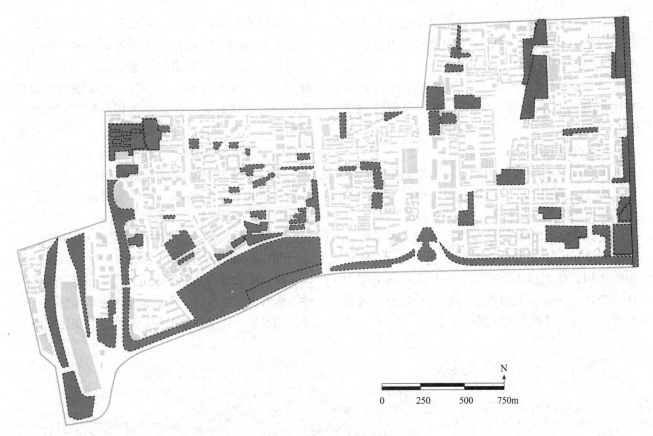

N

0   250   500   750m

图7-26 潜力用地分析图

以建设中轴艺术长廊为目标，作为北京北中轴起始的一部分，打造艺术文化长廊；以构建北二环护城河河道文化区为目标，挖掘北护城河和城墙的历史文化价值，打造城墙文化长廊；以"U"型绿道建设为目标，将中轴艺术长廊区域、北护城河区域元大都城垣遗址公园连成一体，形成完整的区域绿道体系；以建设区域内部微循环为目标，拆除部分社区围墙，形成社区之间的微循环体系。

绿道的选择采取以目标导向为主、问题导向为辅的方法，分为两个阶段。首先根据场地重要因子（场地内外的绿地水系以及已选好的潜力地块）构建绿网骨架线路；其次在绿网骨架的基础上，针对不同的需求，选取包括以服务居民为主的都市型绿道线路和以服务游客为主的历史文化型绿道线路。在都市型绿道中，根据居民的不同需求，选取不同的影响因子，进而选出以服务居民休闲为主的游憩绿道、以服务居民上下班为主的通勤绿道、以服务中小学生为主的上学通勤绿

道。在绿网骨架选线的基础上，叠加都市型绿道和历史文化型绿道，进行比较分析与优化，最终获得绿道选线，形成整个地块的绿道体系。

将潜力地块与绿道选线结果进行叠加、校正，舍弃与绿道联系性较差、更新价值较低的潜力地块，去掉与绿道联系性较强但拆改难度较大的地块，划定更新范围（图7-26）。

规划范围内分为7类街区：居住生活类、生态科普类、体育类、休闲游憩类、历史文化类、商业办公类及儿童活动类，对不同类型街区提出模式化的更新策略，打造多功能活力生活区。其中中轴及滨河条带为规划重点地段。中轴作为城市主要景观节点联系的走廊，赋予艺术功能。滨河条带以地铁二号线的太平湖车辆段更新项目为契机，打造新的文化商业中心，同时连接环二环绿道，提升沿河一带的场地活力。

通过分片区针对性的更新设计，形成一个完善的绿色网络，并依据绿道性质与级别分别满

足步行与骑行要求，结合地块内交通站点布置自行车租赁点与驿站，完善公共服务设施系统。新的绿道系统连接多个商业中心、艺术中心、文化中心和公园绿地，并接入北京中轴体系与环二环城市绿道体系，形成完整的城市绿色游憩带（图7-27）。

（1）中轴焕活

中轴部分北段有封闭的军区大院，中段以居住区为主，南接北二环城市绿道，南段功能以菜市场及小商铺为主。

根据规划，中轴部分作为呈现北京市城市规划的重要节点，需要具有承上启下、兼具文化复兴的作用，体现城市美感。功能上以发展文化创意高新产业为主，兼具商业、绿地、办公、居住等功能，打造具有艺术氛围的街道。

北段军区大院造成空间封闭，阻隔了场地南北商业的连接。中段存在大量停业商铺，街区面貌混乱，慢行空间不足的问题。南段北滨河公园封闭，与场地开放的定位不符，菜市场与周边商铺距离居住区较远，街区整体相对封闭，活动空间利用率低，同时，由于高差的存在，北二环城市绿道与鼓楼外大街的步行道未能形成连接。

设计中通过对部分建筑进行改造，对中轴线空间功能进行了整体划分，自北向南可分为商务办公区、临街休憩区、艺术展览区、社区中心、健身活动区及滨河景观带六大功能区（图7-28）。

北部拆除废弃汽修厂并增加绿地，沿街规划写字楼，增加商业功能，增强南北街区的功能连续性，提升街区承载力，形成街道—商业写字楼—室外活动空间—休憩绿地的功能序列，并美化围墙。

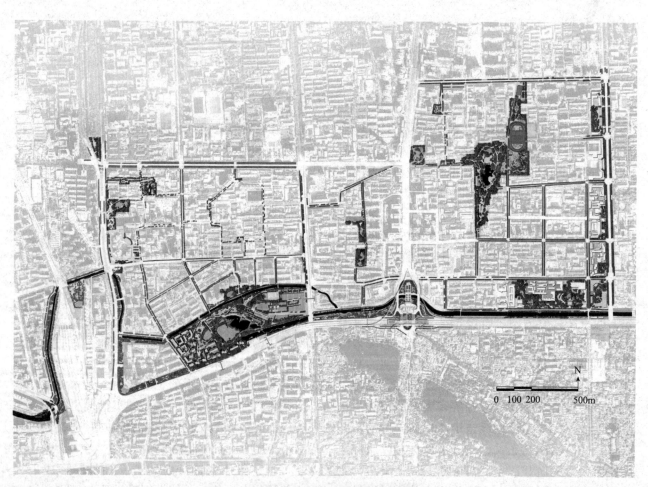

图7-27　北中轴"U"型绿地规划总平面图

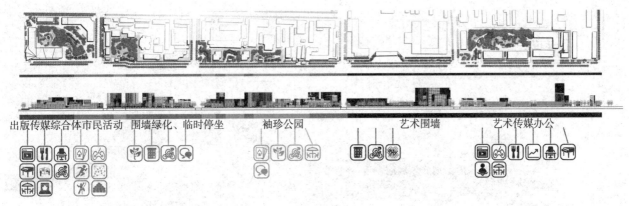

出版传媒综合体市民活动　围墙绿化、临时停坐　　袖珍公园　　　　　　艺术围墙　　　　　艺术传媒办公

图7-28　北中轴功能布局规划图

中部将停业店铺拆除或整修，使小型商铺集中在内部居住区，削弱鼓楼外大街旁的商业功能，置换成街旁绿地，营造舒适绿道环境，地铁站周边增加自行车服务点。

南部北滨河公园的更新旨在改善现状功能单一、边界封闭的问题，增强边界开放性，增加活动空间，内部引入娱乐休闲功能；同时，地块西北角整合菜市场功能，方便市民生活，东南角引入出版传媒综合体，整合周边出版传媒产业，形成联系更加紧密的传媒活动中心。

由此，场地边界形成新的混合功能，包括商业办公楼、市民活动中心、菜市场、临街小型商业建筑和出版传媒综合体，其中，商业办公楼与周边形成统一界面、菜市场进行更新与位置调整、出版传媒综合体进行功能梳理，功能分区进一步明确。

地块边界为鼓楼外大街、北二环城市绿道，该道路现状通行能力较好，因此，旨在遵循现状宽度的前提下满足步行、骑行舒适度，布置休憩空间、增加服务点等，形成绿道网络骨架。

地块内部街道则毗邻居住区，现状条件不一，更新方式主要结合现状，重新梳理功能，布置停车空间，合理规划各功能所需道路宽度，保障步行、骑行的通行能力，构建通勤绿道、游憩绿道、完善绿道网络系统，并在断面改造时，增加道路透水铺装与生态草沟，提升绿道网络生态性。

（2）德胜门复兴

德胜门复兴段的设计目标是沿北护城河建设历史文化休闲区。德胜门段交通复杂，以机动车为主的道路交通缺乏对慢行体系的考虑，人车混行和拥堵严重。德胜门箭楼作为北京老城仅存的城门建筑之一，尽管历史文化底蕴深厚，但由于交通可达性不佳，目前作为古钱币博物馆对外开放，人气不够理想。

设计中从绿道体系梳理和城市功能赋予两个方面来探讨德胜门箭楼周边的更新发展策略。

首先对公交进行梳理。将公交总站沿京藏高速向北搬迁到北沙滩，以更靠近地铁站和上清桥交通枢纽。再对德胜门周边的公交线路进行梳理、整合、废除、新建公交站点，最终场地将有8个站点。对二环下沉部分采取盖板策略，通过对主路与辅路标高的分析，得到落柱位置，进一步确定盖板范围。

整个设计分为德胜门城墙记忆段、滨河文化休闲段、德胜门文化广场段。城墙记忆段设计中，在二环上方采取恢复一段城墙的策略，运用现代手法对城墙元素进行提取、设计。并将城墙赋予一定的城市功能，如咖啡厅、文化展馆、剧场等。城墙还是绿道体系的一部分，通过立体交通的构建，满足步行与自行车基本的穿行功能。同时城墙兼具游览功能，让游人体验德胜门的文化底蕴。在滨河文化休闲段中综合考虑城市各级交通，保证地铁、公交与场地的便捷，加强城市与河道的联系性，并结合河道设计一系列有特色的滨水开放空间节点。

最终德胜门箭楼节点将成为整个绿道体系中的一大亮点，综合功能的赋予将使德胜门箭楼及周边地块重新焕发活力（图7-29）。

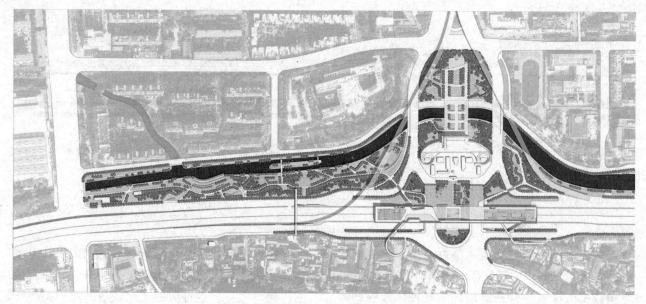

图7-29　德胜门箭楼片区更新设计平面图

（3）太平湖车辆段激活

规划中太平湖车辆段定位为充满活力的绿色空间，集商业、文化、办公、居住、休闲娱乐等功能于一体，在满足社区居民使用的同时，吸引更大范围的人群，营造城市景观和构筑文化场所。设计中通过构建一系列的美术馆、媒体中心、展示馆、影院、露天剧场、音乐广场和博物馆等富有地域文化特色的休闲空间，用以承载丰富的城市文化内涵（图7-30）。

场地现状存在3个方面的主要问题：硬质铺装面积大，缺少绿地；场地封闭，可达性弱；缺少基础设施，人群活动单一，缺乏生机与活力。尽管存在上述问题，该场地原作为地铁车辆段，也展现了独特的工业文明气质，为设计提供了新的机遇。结合现状实际条件，设计策略分为4个方面：构建公共绿色空间网络，激发场地生命活力，保留历史工业美感，打开边界与城市连接。

设计将其划分为4个区域：便民生活区、居住区、太平湖公园区、文化商业休闲区。

便民生活区：该区设有集商业、办公、居住、公共服务于一体的多功能建筑组团，临街对外的建筑具备商业、办公等功能；对内的建筑具有居住、社区服务等功能，社区服务中心内有托儿所、老年活动中心、健身中心等。

居住区：基本保留现状的居民楼，并对其破碎的现状公共空间进行整合，主要以休憩绿地为主，配备一些运动健身等服务设施。

太平湖公园区：占据了场地的大部分面积，是该地段的中心绿核，对外开放连接其他3个分区。公园内的活动场地多样，功能丰富，景观类型多样，配套服务设施齐全。公园景观设计保留了铁轨、厂房等要素，并融入时尚要素，形成具有特色的景观。

文化商业休闲区：引入一个文化商业综合体，提高土地利用价值，聚集人气，激发场地活力。建筑主要包括购物中心、文化艺术展馆、多媒体中心、图书馆、办公空间等。同时预想未来的19号线地铁站将设置在场地的东南角和购物中心内部，可以为场地带来更多活力。建筑南侧为公园入口，有一条艺术廊道，廊道两侧设置有艺术雕塑、景观灯、休闲廊架等景观元素，将与建筑对接形成一条充满动感活力的艺术步道，将市民引入公园内部。

（4）转河两岸更新

1905年京张铁路的修建使得原本的河道向北折行形成如今的转河。转河周边地块在规划中属于滨河文化区，主要目标是沿转河、北护城河建设历史文化休闲带。该地段周边交通、水系、绿地资源丰富，经转河向西可连接"三山五园"绿道，向北可连接海淀十字绿廊、元大都遗址公园等。

设计策略为：慢行串联、活力聚集、场所记忆和生态连接。整个地段设计形成滨水生态段、城市休闲段、邻里生活段和铁路遗址公园4个分区，多个主题功能区沿廊道分布（图7-31）。

滨水生态段：偏自然风貌的河道景观，沿河岸设置了人工湿地、垂钓、林荫广场等不同的功能区，同时将原本封闭的地铁13号线高架桥下空间打开，营造出具有艺术氛围的长廊。

城市休闲段：以硬质驳岸为主。河岸结构分为上下两层，上层与城市道路齐平，景观以植物造景结合场地为主；下层为一条贯通的滨水廊道。

邻里生活段：主要服务周边居民，增加完善儿童游戏、草坪剧场、健身广场等功能。

铁路遗址公园片区：保留场地内废弃铁轨，

并在铁轨上放置一些地铁车厢，用作可移动的临时服务建筑。同时增设地铁车辆段记忆博物馆，在周边空地设置家庭园艺空间。

（5）学院南路社区更新

元大都至太平湖片区在规划中功能定位属于邻里休闲区。场地西北临元大都遗址公园，西南临转河，东南临规划的太平湖公园，以封闭居住区和单位大院为主。商业方面场地内有一个大型购物中心，其他多为超市、沿街底商及单层商铺。文教历史方面，场地内有中影影城、大学及小西天牌楼。交通方面，场地内部无地铁站，有少量公交站点。

该地段现存主要问题包括：场地内绿量不足；封闭小区及单位大院阻隔了交通，与周边绿地连接性不强，缺少公共交通，慢行系统不连贯；机动车、自行车占道现象严重；私搭乱建现象严重。设计承接规划定位，旨在对城市公园进

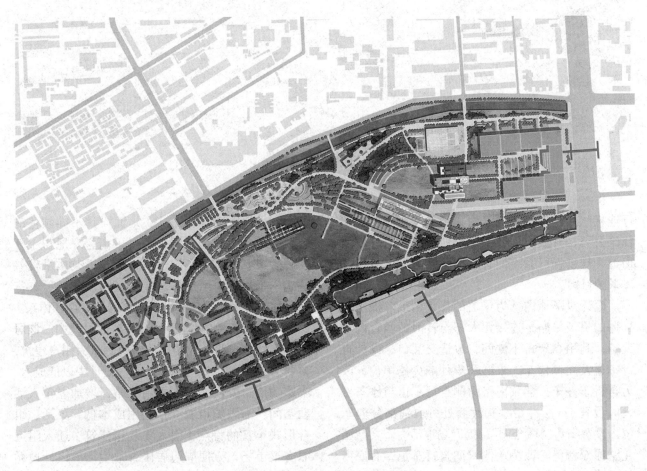

图7-30 太平湖车辆段设计平面图

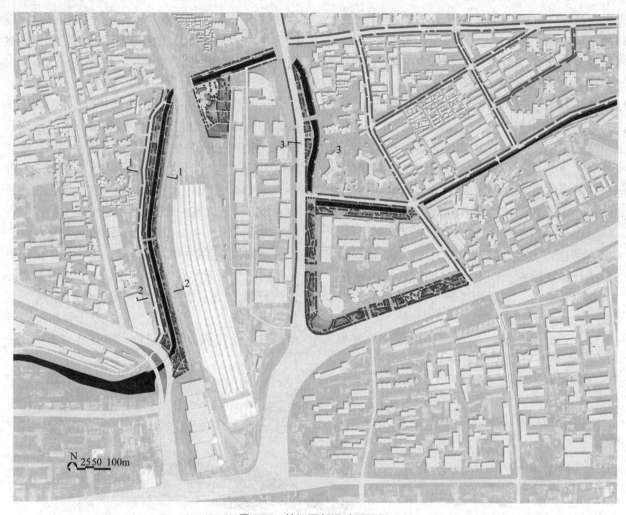

图7-31　转河更新设计平面图

行连接，通过挖掘场地潜力，增加绿色节点，如社区公园、开放空间、街角绿地等，并通过改造街道、规划慢行系统，达成构建社区绿色微循环体系的目标。

设计对场地内选为绿道的几条街道，提出了具体的更新策略：连接元大都与转河的西直门北大街，利用高架桥下空间，改造交叉口，设计自行车道及路侧停车，人群聚集处减少停车位，改为自行车停车。学院南路两侧自行车道与停车位之间设置1m缓冲带，有底商处可取消部分停车位，设置街边"微公园"，提升场地活力。文慧园北路原双侧停车改为单侧双向自行车道，有底商处设置雨水花园，完善生态功能。对于余地较小

道路，采用垂直绿化方式，地面设计不同颜色铺装线提示附近公园及绿地。对于街旁绿地与小区游园的更新，结合场地现状，适当拆改质量较差建筑、平房等，增加休息座椅及活动空间，丰富社区功能。最终形成完善的社区绿色微循环体系。

重点更新地段位于学院南路32号院内。该居住区被城市支路分成两半，路两侧多为棚户建筑，主要为餐饮、KTV等商业业态。设计中以低成本、丰富功能、方便居民为更新策略，增加老年人活动空间，引入城市农业；利用成本低、灵活、组合形式丰富的特点，引入集装箱建筑；迁入附近原有菜市场，方便周边居民日常生活。设计遵循可持续原则，利用回收的海运集装箱，注重自然

采光及通风，设计保温屋顶，局部设置太阳能板、绿墙及屋顶绿化，在有限的空间内增加绿地率，以创造最大的生态效益。注重居民参与，征集居民意见。最终形成集商业、居住、休闲于一体的社区公园（图7-32）。

7.2.3.2 教师点评

该组作业在规划阶段采用了结构非常清晰的分析路线。首先根据现状场地条件梳理出了整合场地绿色公共空间网络的主轴，分别是最南侧的

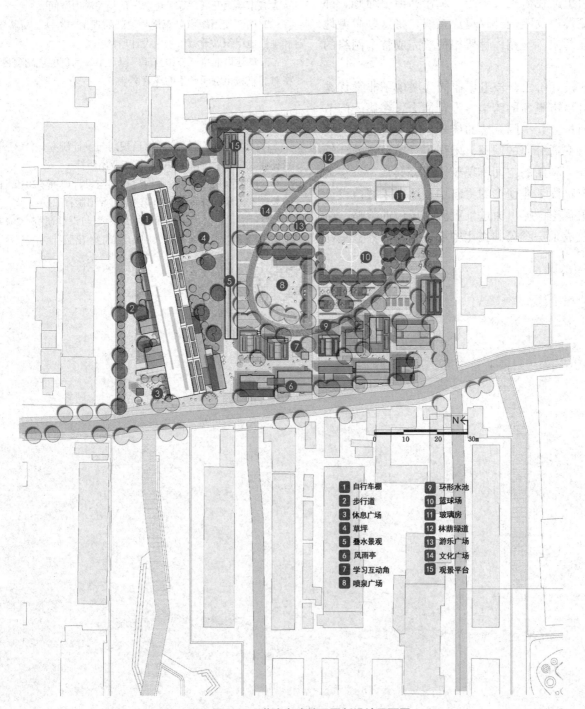

1 自行车棚	9 环形水池
2 步行道	10 篮球场
3 休息广场	11 玻璃房
4 草坪	12 林荫绿道
5 叠水景观	13 游乐广场
6 风雨亭	14 文化广场
7 学习互动角	15 观景平台
8 喷泉广场	

图7-32 学院南路社区更新设计平面图

北护城河，展示河道历史景观；最东侧的北京中轴线，以艺术文化重现历史中轴；最西侧衔接元大都遗址公园构建绿轴，3条轴线共同形成整个区域的U型骨架结构。接下来，在区域内部寻找一系列可建设绿地的微型空间，并根据不同的功能（历史文化游览、游憩、工作和学习通勤、都市游览等）确定内部绿道连接线，将这些微型地块串联起来，与整体骨架相衔接完成整个网络的构建。

在设计阶段，该组作业同样展现了非常优秀的结合城市更新的跨学科设计能力。在德胜门节点，通过公共空间系统的梳理，解决机动车交通和慢行交通分离的问题，增强了区域可达性，给一个缺乏利用的空间重现赋予了公共活力；在太平湖车辆段工业遗产的更新中，运用了城市设计的相关理论，提出通过景观激活场地的策略，将场地改成了一个公共文化中心，开放边界，重新建立与城市的联系，形成了一个既有工业遗产特征，又具有现代公共服务功能的活力空间。

思考题

1. 从城市景观规划设计的角度出发，寻找北京或其他特大城市继续开展"绿色更新"的相关潜力空间。

2. 如何使用城市景观规划设计的理论与方法，更科学和理性地组织展开城市景观设计项目？

3. 试述以北京"三山五园"绿道系统为例的规划项目，将对北京城市空间产生的深远影响。

拓展阅读

[1] 北京三山五园地区绿道规划与设计研究 . 2018. 北京林业大学园林学院 . 中国建筑工业出版社 .

[2] 北京海淀十字绿廊构建规划与设计研究 . 2019. 王向荣，刘志成，林箐等 . 中国建筑工业出版社 .

[3] 北京北中轴区域绿色网络规划与设计研究 . 2019. 王向荣，刘志成，林箐等 . 中国建筑工业出版社 .

参考文献

阿尔多·罗西，2006. 城市建筑学 [M]. 黄士钧，译. 北京：中国建筑工业出版社.

埃比尼泽·霍华德，2010. 明日的田园城市 [M]. 金经元，译. 北京：商务印书馆.

北京林业大学园林学院，2018. 北京三山五园地区绿道规划与设计研究 [M]. 北京：中国建筑工业出版社.

彼得·卡尔索普，2007. 区域城市：终结蔓延的规划 [M]. 北京：中国建筑工业出版社.

彼得·霍尔，2008. 城市与区域规划 [M]. 4 版. 邹德慈，李浩，陈熳莎，译. 北京：中国建筑工业出版社.

比尔·希列尔，盛强，2014. 空间句法的发展现状与未来 [J]. 建筑学报（8）：60-65.

毕书卉，黄文柳，杨毅栋，2018. 城市风貌景观管控体系的探索与实践——以杭州总体城市设计为例 [J]. 上海城市规划（5）：
    41-46.

查尔斯·瓦尔德海姆，2010. 景观都市主义读本 [M]. 北京：中国建筑工业出版社.

董鉴泓，2004. 中国城市建设史 [M]. 北京：中国建筑工业出版社.

戈登·卡伦，2009. 简明城镇景观设计 [M]. 王珏，译. 北京：中国建筑工业出版社.

韩炜杰，王一岚，郭巍，2019. 无人机航测在风景园林中的应用研究 [J]. 风景园林，26（5）：35-40.

洪亮平，2002. 城市设计历程 [M]. 北京：中国建筑工业出版社.

I·L·麦克哈格，1992. 设计结合自然 [M]. 芮经纬，译. 北京：中国建筑工业出版社.

简·雅各布斯，2012. 美国大城市的死与生 [M]. 金衡山，译. 北京：译林出版社.

卡米诺·西特，1990. 城市建设艺术 [M]. 仲德崑，译. 南京：东南大学出版社，1990.

凯文·林奇，2001. 城市意象 [M]. 方益萍，何晓军，译. 北京：华夏出版社.

莱昂·巴蒂斯塔·阿尔伯蒂，2010. 建筑论 [M]. 王贵祥，译. 北京：中国建筑工业出版社.

勒·柯布西耶，2011. 光辉城市 [M]. 金秋野，王又佳，译. 北京：中国建筑工业出版社.

李德仁，李明，2014. 无人机遥感系统的研究进展与应用前景 [J]. 武汉大学学报（信息科学版）（5）：505-513，540.

李方正，李婉仪，李雄，2015. 基于公交刷卡大数据分析的城市绿道规划研究——以北京市为例 [J]. 城市发展研究，22（8）：
    27-32.

李倞，2016. 景观基础设施：思想与实践 [M]. 北京：中国建筑工业出版社.

李晓颖，王浩，2013. 城市废弃基础设施的有机重生——波士顿"大开挖"（The Big Dig）项目 [J]. 中国园林，29（2）：20-25.

联合国，2015，改变我们的世界——2030 年可持续行动议程. https://www.undp.org/content/undp/en/home/sustainable-
    development-goals.html.

刘易斯·芒福德，2005. 城市发展史：起源，演变和前景 [M]. 宋峻岭，倪文彦，译. 北京：中国建筑工业出版社.

龙瀛，毛其智，2019. 城市规划大数据理论与方法 [M]. 北京：中国建筑出版社.

卢求，2012. 德国可持续城市开发建设的理念与实践——慕尼黑里姆会展新城 [J]. 世界建筑（9）：112-117.

罗小未，2002. 上海新天地——旧区改造的建筑历史、人文历史与开发模式的研究 [M]. 南京：东南大学出版社.

孟兆祯，2012. 山水城市知行合一浅论 [J]. 中国园林（1）：44-48.

潘谷西，2001. 中国建筑史 [M]，4 版. 北京：中国建筑工业出版社.

钱云，2016. 存量规划时代城市规划师的角色与技能——两个海外案例的启示 [J]. 国际城市规划（4）：79-83.

沈玉麟，1989. 外国城市建设史 [M]. 北京：中国建筑工业出版社.

特雷布，2008. 现代景观——一次批判性的回顾 [M]. 北京：中国建筑工业出版社.

汪德华，2005. 中国城市规划史纲 [M]. 南京：东南大学出版社.

王建国，1997. 现代城市设计理论和方法 [M]. 南京：东南大学出版社.

王建国，2011. 城市设计 [M]. 3 版. 南京：东南大学出版社.

王静文，2010. 空间句法研究现状及其发展趋势 [J]. 华中建筑，28（6）：5-7.

王向荣，2019. 景观笔记：自然·文化·设计 [M]. 北京：生活·读书·新知三联书店.

王向荣，林箐，2002. 西方现代景观设计的理论与实践 [M]. 北京：中国建筑工业出版社.

王向荣，林箐，2007. 里姆风景公园 [J]. 风景园林（3）：116-117.

王向荣，林箐，2012. 多义景观 [M]. 北京：中国建筑工业出版社.

王向荣，刘志成，林箐，2019. 北京北中轴区域绿色网络规划与设计研究 [M]. 北京：中国建筑工业出版社.

维特鲁威，1986. 建筑十书 [M]. 高履泰，译. 北京：中国建筑工业出版社.

吴冠秋，钱云，2018. 中部地区小城市特色空间认知方法研究——以安徽泗县为例 [J]. 规划师，34（2）：61-66.

吴良镛，2001. 城市特色美的探求 [N]. 人民政协报，2001-10-18.

吴良镛，2014. 中国人居史 [M]. 北京：中国建筑工业出版社.

杨春侠，2011. 历时性保护中的更新——纽约高线公园再开发项目评析 [J]. 规划师，27（2）：115-120.

杨滔，2012. 数字城市与空间句法：一种数字化规划设计途径 [J]. 规划师，28（4）：24-29.

杨滔，2017. 多尺度的城市空间结构涌现 [J]. 城市设计（6）：72-83.

伊恩·D·怀特，2011. 16 世纪以来的景观与历史 [M]. 王思思，译. 北京：中国建筑工业出版社.

伊恩·伦诺克斯·麦克哈格，2006. 设计结合自然 [M]. 天津大学出版社.

易鑫，哈罗德·博登沙茨，迪特·福里克，等，2019. 欧洲城市设计——面向未来的策略与实践 [M]. 北京：中国建筑工业出版社.

约翰·奥姆斯比·西蒙兹，2010. 启迪：风景园林大师西蒙兹考察笔记 [M]. 王欣，方薇，编译. 北京：中国建筑工业出版社.

詹姆士·科纳，2007. 论当代景观建筑学的复兴 [M]. 北京：中国建筑工业出版社.

张冠增，2011. 西方城市建设史纲 [M]. 北京：中国建筑工业出版社.

章明，张姿，张洁，等，2019. 涤岸之兴——上海杨浦滨江南段滨水公共空间的复兴 [J]. 建筑学报(8)：16-26.

张杰，2016. 中国古代空间文化溯源（修订版）[M]. 北京：清华大学出版社.

张京祥，2005. 西方城市规划思想史纲 [M]. 南京：东南大学出版社.

郑曦，2018. 山水都市化：区域景观系统上的城市 [M]. 北京：中国建筑工业出版社.

钟翀，2011. 旧城胜景：日绘近代中国都市鸟瞰地图 [M]. 上海：上海书画出版社.

Argent, London Continental Railways（LCR）and Exel. King Cross central：Environmental statement. Revised non-technical summary[EB/OL]. Kingscross.（2005-09）. https://www.kingscross.co.uk/media/Rev_Enviro_Statement_NTS.pdf.

Bélanger P，2009. Landscape as infrastructure[J]. Landscape Journal，28(1)：79-95.

DAVID J，HAMMOND R，2011. High Line：The Inside Story of New York City Park in the Sky[M]. FSG Originals.

FORMAN R T，1995. Land Mosaics：The Ecology of Landscapes and Regions[M]. Cambridge：Cambridge University Press.

GARY L STRANG，1996. Infrastructure as Landscape[J]. Places，10（3）：12-14.

HALPRIN L，1969. The RSVP Cycles：Creative Processes in the Human Environment[M]. New York：George Braziller.

LEWIS MUMFORD，2010. Technics and Civilization [M]. Chicago：University of Chicogo Press.

PIERRE BELANGER，2008. Landscape Infrastructures：Emerging Paradigms，Practices & Technologies，the Contemporary Urban Landscape[DB/CD]. Toronto：Univ of Toronto Press.

ROSELAND M，1997. Dimension of the Eco-city [J]. Cities，14（4）：197-202.